大匠 高等院校美术·设计专业系列教材

U0864112

帅 斌 林钰源 总主编
何 锐 赵金娥 编著

APPRECIATION OF ARCHITECTURAL ART

建筑艺术欣赏

SPM 南方传媒 | 岭南美术出版社
中国·广州

图书在版编目（CIP）数据

建筑艺术欣赏 / 帅斌，林钰源总主编；何锐，赵金娥编著. —广州：岭南美术出版社，2022.7
大匠：高等院校美术·设计专业系列教材
ISBN 978-7-5362-7522-5

Ⅰ.①建… Ⅱ.①帅…②林…③何…④赵… Ⅲ.①建筑艺术—鉴赏—世界—高等职业教育—教材 Ⅳ.①TU-861

中国版本图书馆CIP数据核字(2022)第112630号

出 版 人：刘子如
策　　划：刘向上　李国正
责任编辑：郭海燕　王效云
责任技编：谢　芸
责任校对：钟　怡
装帧设计：黄明珊　罗　靖　黄金梅
朱林森　黄乙航　盖煜坤
徐效羽　郭恩琪　石梓洳
邹　晴
友间文化

建筑艺术欣赏
JIANZHU YISHU XINSHANG

出版、总发行：岭南美术出版社（网址：www.lnysw.net）
（广州市天河区海安路19号14楼 邮编：510627）
经　　销：全国新华书店
印　　刷：东莞市翔盈印务有限公司
版　　次：2022年7月第1版
印　　次：2022年7月第1次印刷
开　　本：889 mm×1194 mm　1/16
印　　张：11.75
字　　数：220千字
印　　数：1—2000册
ISBN 978-7-5362-7522-5

定　　价：65.00元

《大匠——高等院校美术·设计专业系列教材》

/ 编委会 /

序一 『大匠』本位，设计初心

对于每一位从事设计艺术教育的人士而言，“大国工匠”这个词都不会陌生，这是设计工作者毕生的追求与向往，也是我们编写这套教材的初心与夙愿。

所谓“大匠”，必有“匠心”，但是在我们的追求中，“匠心”有两层内涵，其一是从设计艺术的专业角度看，要具备造物的精心、恒心，以及致力于在物质文化探索中推陈出新的决心。其二是从设计艺术教育的本位看，要秉承耐心、仁心，以及面对孜孜不倦的学子时那永不言弃的师心。唯有“匠心”所至，方能开出硕果。

作为一门交叉学科，设计艺术既有着自然科学的严谨规范，又有着人文社会科学的风雅内涵。然而，与其他学科相比，设计艺术最显著的特征是高度的实用性，这也赋予了设计艺术教育高度职业化的特点，小到平面海报、宣传册页，大到室内陈设与建筑构造，无不体现着设计师匠心独运的哲思与努力。而要将这些“造物”的知识和技能完整地传授给学生，就必须首先设计出一套可供反复验证并具有高度指导性的体系和标准，而系列化的教材显然是这套标准最凝练的载体。

对于设计艺术而言，系列教材的存在意义在于以一种标准化的方式将各个领域的设计知识进行系统性的归纳、整理与总结，并通过多门课程的有序组合，令其真正成为解决理论认知、指导技能实践、提高综合素养的有效手段。因此，表面上看，它以理论文本为载体，实际上却是以设计的实践和产出为目的，古人常言“见微知著”，设计知识和技能的传授同样如此。为了完成一套高水平的应用性教材的编撰工作，我们必须从每一门课程开始逐一梳理，具体问题具体分析，如此才能以点带面、汇聚成体。然而，与一般的通识性教材不同，设计类教材的编撰必须紧扣具体的设计目标，回归设计的本源，并就每一个知识点的应用性和逻辑性进行阐述。即使在讲述综合性的设计原理时，也应该以具体实践项目为案例，而这一点，也是我们在深圳职业技术学院近30年的设计教育实践中所奉行的一贯原则。

例如在阐述设计的透视问题时，不能只将视野停留在对透视原理的文字性解释上，而是要旁征博引，对透视产生的历史、来源和趋势进行较为全面的阐述，而后再辅以建筑、产品、平面设计领域中的具体问题来详加说明，这样学生就不会只在教材中学到单一枯燥的理论知识，而是能通过恰当的案例和具有拓展性的解释进一步认识到知识的应用场景。如果此时导入适宜的习题，将会令他们得到进一步的技能训练，并有可能启发他们举一反三，联想到自己在未来职业生涯中可能面对的种种专业问题。我们坚持这样的编写方式，是因为我们在学校的实际教学中正是以“项目化”为引领去开展每一个环节及任务点的具体设计的。无论是课程思政建设还是金课建设，均是如此。而这种教学方式的形成完全是基于对设计教育职业化及其科学发展规律的高度尊重。

提到发展规律问题，就不能绕过设计艺术学科的细分问题，随着今天设计艺术教育的日趋成熟，设计正表现出越来越细的专业分类，未来必定还会呈现出进一步的细分。因此，我希望我们这套教材的编写也能够遵循这种客观规律，紧跟行业动态发展趋势，并根据市场的人才需求开发出越来越多对应的新型课程，编写更多有效、完备、新颖的配套教材，以帮助学生们在日趋激烈的就业环境中展现自身的价值，帮助他们无缝对接各种类型的优质企业。

职业教育有着非常具体的人才培养定位，所有的课程、专业设置都应该与市场需求相衔接。这些年来，我们一直在围绕这个核心而努力。由于深圳职业技术学院位处深圳，而深圳作为设计之都，有着较为完备的设计产业及较为广泛的人才需求，因此我们学院始终坚持着将设计教育办到城市产业增长点上的宗旨，努力实现人才培养与城市发展的高度匹配。当然，做到这种程度非常不容易，无论是课程的开发，还是某门课程的教材编写，都不是一蹴而就的。但是我相信通过任课教师们的深耕细作，随着这套教材的不断更新、拓展及应用，我们一定会有所收获，为师者若要以“大匠”为目标，必然要经过长年累月的教学积累与潜心投入。

历史已经充分证明了设计教育对国家综合实力的促进作用，设计对今天的世界而言是一种不可替代的生产力。作为世界第一的制造业大国，我国的设计产业正在以前所未有的速度向前迈进，国家自主设计、研发的手机、汽车、高铁等早已声名在外，它们反映了我国在科技创新方面日益增强的国际竞争力，这些标志性设计不但为我国的经济建设做出了重要贡献，还不断地输出着中国文化、中国内涵，令全世界可以通过实实在在的物质载体认识中国、了解中国。但是，我们也应该看到，为了保持这种积极的创造活力，实现具有可持续性的设计产业发展，最终实现从“中国制造”向 “中国智造”的转型升级，令“中国设计”屹立于世界设计之林，就必须依托于高水平设计人才源源不断的培养和输送，这样光荣且具有挑战性的使命，作为一线教师，我们义不容辞。

“大匠”是我们这套教材的立身本位，为人民服务是我们永不忘怀的设计初心。我们正是带着这种信念，投入每一册教材的精心编写之中。欢迎来自各个领域的设计专家、教育工作者批评指正，并由衷希望与大家共同成长，为中国设计教育的未来做出更多贡献！

帅　斌

深圳职业技术学院教授、艺术设计学院院长

2022年5月12日

序二　致敬工匠

能否“造物”，无疑是人与其他动物之间最大的区别。人能“造物”而别的动物不能“造物”。目前我们看到的人类留下的所有文化遗产几乎都是人类的“造物”结果。“造物”从远古到现代都离不开“工匠”。“工匠”正是这些“造物”的主人。“造物”拉开了人与其他动物的距离。人在“造物”之时，需要思考“造物”所要满足的需求和满足需求的具体可行性方案，这就是人类的设计活动。在“造物”的过程中，为了能够更好地体现工匠的“匠意”，往往要求工匠心中要有解决问题的巧思——“意匠”。这个过程需要精准找到解决问题的点子和具体可行的加工工艺方法，以及娴熟驾驭具体加工工艺的高超技艺，才能达成解决问题、满足需求的目标。这个过程需要选择合适的材料，需要根据材料进行构思，需要根据构思进行必要的加工。古代工匠早就懂得因需选材，因材造意，因意施艺。优秀工匠在解决问题的时候往往匠心独运，表现出高超技艺，从而获得人们的敬仰。

在这里，我们要向造物者——“工匠”致敬！

一、编写“大匠”系列教材的初衷

2017年11月，我来到广州商学院艺术设计学院。我发现当前很多应用型高等院校设计专业所用教材要么沿用原来高职高专的教材，要么直接把学术型本科教材拿来凑合着用。这与应用型高等院校对教材的要求不相适应。因此，我萌发了编写一套应用型高等院校设计专业教材的想法。很快，这个想法得到各个兄弟院校的积极响应，也得到岭南美术出版社的大力支持，从而拉开了编写《大匠——高等院校美术·设计专业系列教材》（以下简称“大匠”系列教材）的序幕。

对中国而言，发展职业教育是一项国策。随着改革开放进一步深化和中国制造业的迅猛发展，中国制造的产品已经遍布世界各国。同时，中国的高等教育发展迅猛，但中国的职业教育却相对滞后。近年来，中国才开始重视职业教育。2014年李克强总理提道：“发展现代职业教育，是转方式、调结构的战略举措。由于中国职业教育发展不够充分，使中国制造、中国装备质量还存在许多缺陷，与发达国家的高中端产品相比，仍有不小差距。‘中国制造’的差距主要是职业人才的差距。要解决这个问题，就必须发展中国的职业教育。”

艺术设计专业本来就是应用型专业。应用型艺术设计专业无疑属于职业教育，是中国高等职业教育的重要组成部分。

艺术设计一旦与制造业紧密结合，就可以提升一个国家的软实力。“中国制造”要向“中国智造”转变，需要中国设计。让“美”融入产品成为产品的附加值需要艺术设计。在未来的中国品牌之路上，需要大量优秀的中国艺术设计师的参与。为了满足人民群众对美好生活的向往，需要设计师的加盟。

设计可以提升我们国家的软实力，可以实现“美是一种生产力”，有助于满足人民群众对美好生活的向往。在中国的乡村振兴中，我们看到设计发挥了应有的作用。在中国的旧改工程中，我们同样看到设计发挥了化腐朽为神奇的效用。

没有好的中国设计，就不可能有好的中国品牌。好的国货、国潮都需要好的中国设计。中国设计和中国品牌都来自中国设计师之手。培养优秀设计人才无疑是我们的当务之急。中国现代高等教育艺术设计人才的培养，需要全社会的共同努力。这也正是我们编写这套“大匠”系列教材的初衷。

二、冠以“大匠”，致敬“工匠精神”

这是一套应用型的美术·设计专业系列教材，之所以给这套教材冠以“大匠”之名，是因为我们高等院校艺术设计专业就是培养应用型艺术设计人才的。用传统语言表达，就是培养“工匠”。但我们不能满足于培养一般的“工匠”，我们希望培养“能工巧匠”，更希望培养出“大匠”，甚至企盼培养出能影响一个时代和引领设计潮流的“百年巨匠”，这才是中国艺术设计教育的使命和担当。

“匠”字，许慎《说文解字》称：“从匚，从斤。斤，所以做器也。”匚指筐，把斧头放在筐里，就是木匠。后陶工也称“匠”，直至百工皆以“匠”称。“匠”的身份，原指工人、工奴，甚至奴隶，后指有专门技术的人，再到后来指在某一方面造诣高深的专家。由于工匠一般都从实践中走来，身怀一技之长，能根据实际情况，巧妙地解决问题，而且一丝不苟，从而受到后人的推崇和敬仰。鲁班，就是这样的人。不难看出，传统意义上的“匠”，是具有解决问题的巧妙构思和精湛技艺的专门人才。

“工匠”，不仅仅是一个工种，或是一种身份，更是一种精神，也就是人们常说的“工匠精神”。“工匠精神”在我看来，就是面对具体问题能根据丰富的生活经验积累进行具体分析的实事求是的科学态度，是解决具体问题的巧妙构思所体现出来的智慧，是掌握一手高超技艺和对技艺的精益求精的自我要求。因此，不怕面对任何难题，不怕想破脑壳，不怕磨破手皮，一心追求做到极致，而且无怨无悔——工匠身上这种“工匠精神”，是工匠获得人们敬佩的原因之所在。

《韩非子》载：“刻削之道，鼻莫如大，目莫如小，鼻大可小，小不可大也。目小可大，大不可小也。”借木雕匠人的木雕实践，喻做事要留有余地，透露出“工匠精神”中也隐含着智慧。

民谚“三个臭皮匠，赛过一个诸葛亮”，也在提醒着人们在解决问题的过程中集体智慧的重要性。不难看出，“工匠精神”也包含了解决问题的智慧。

无论是“垩鼻运斤”还是“游刃有余”，都是古人对能工巧匠随心所欲的精湛技术的惊叹和褒扬。

一个民族，不可以没有优秀的艺术设计者。

人在适应自然的过程中，为了使生活变得更加舒适、惬意，是需要设计的。今天，在我们的生活中，设计已无处不在。

未来中国设计的水平如何，关键取决于今天中国的设计教育，它决定了中国未来的设计人员队伍的整体素质和水平。这也是我们编写这套“大匠”系列教材的动力。

三、“大匠”系列教材的基本情况和特色

“大匠”系列教材，明确定位为“培养新时代应用型高等艺术设计专业人才”的教材。

教材编写既着眼于时代社会发展对设计的要求，紧跟当前人才市场对设计人才的需求，也根据生源情况量身定制。教材对课程的覆盖面广，拉开了与传统学术型本科教材的距离。在突出时代性的同时，注重应用性和实战性，力求做到深入浅出，简单易学，让学生可以边看边学，边学边用。尽量朝着看完就学会，学完就能用的方向努力。“大匠”系列教材，填补了目前应用型高等艺术设计专业教材的阙如。

教材根据目前各应用型高等院校设计专业人才培养计划的课程设置来编写，基本覆盖了艺术设计专业的所有课程，包括基础课、专业必修课、专业选修课、理论课、实践课、专业主干课、专题课等。

每本教材都力求篇幅短小精练，直接以案例教学来阐述设计规律。这样既可以讲清楚设计的规律，做到深入浅出，易学易懂，也方便学生举一反三。大大压缩了教材篇幅的同时，也突出了教材的实践性。

另外，教材具有鲜明的时代性。重视课程思政，把为国育才、为党育人、立德树人放在首位，明确提出培养为人民的美好生活而设计的新时代设计人才的目标。

设计当随时代。新时代、新设计呼唤推出新教材，“大匠”系列教材正是追求适应新时代要求而编写。重视学生现代设计素质的提升，重视处理素质培养和设计专业技能的关系，重视培养学生协同工作和人际沟通能力。致力培养学生具备东方审美眼光和国际化设计视野，培养学生对未来新生活形态有一定的预见能力。同时，使学生能快速掌握和运用更新换代的数字化工具。

因此，在教材中力求处理好学术性与实用性的关系，处理好传承优秀设计传统和时代发展需要的创新关系。既关注时代设计前沿活动，又涉猎传统设计经典案例。

在主编选择方面，我们发挥各参编院校优势和特色，发挥各自所长，力求每位主编都是所负责方面的专家。同时，该套教材首次引入企业人员参与编写。

四、鸣谢

感谢岭南美术出版社领导们对这套教材的大力支持！感谢各个参加编写教材的兄弟院校！感谢各位编委和主编！感谢对教材进行逐字逐句细心审阅的编辑们！感谢黄明珊老师设计团队为教材的形象，包括封面和版式进行了精心设计！正是你们的参与和支持，才使得这套教材能以现在的面貌出现在大家面前。谢谢！

林钰源

华南师范大学美术学院首任院长、教授、博士生导师

2022年2月20日

前言

建筑与人的关系是密不可分的。人们在建筑中休息、工作、学习、娱乐，虽然大部分人对建筑并不了解与关注，但人们的生活始终离不开它。建筑是一种文化，承载了人类社会历史实践过程中所创造的物质财富、精神财富。建筑是一种技术，涉及材料、结构、规划、建造、预算等科学范畴。建筑更是一种艺术，如同绘画、雕塑一样，可以给人以美的感受，各种造型的建筑能够传达出不同情感，渲染多种情绪氛围。

了解建筑艺术，懂得欣赏建筑的价值，可以让我们更多地了解人类文化的多样性，体会创意的灵感，唤起对时间的记忆，拥有历史遗留下来的难得的文化财富。当然，艺术是相通的，从美学的角度和认知规律讲，懂得欣赏建筑艺术，相应也能提高欣赏其他艺术的能力，这对于提高个人自身的艺术鉴赏水平，塑造与感染人的心灵也起到了潜移默化的作用。

本书是一本建筑通识类教材，编者从通俗易懂的角度出发，利用最经典的建筑实例，通过融入科普性的网络资源、整合碎片化的图片信息，将众多的建筑类型、繁复的建筑构件、晦涩的专业术语以平实的语言进行分析、讲解。突显建筑艺术的系统性、趣味性和知识性，以增强读者对建筑艺术的基本知识、建筑美术的特征和基本规律的了解。

本教材在篇章结构上分中国传统建筑和西方经典建筑两大部分。中国传统建筑从类型建筑（宫殿、陵墓、祭祀、佛教、园林、民居）解读，一个专题一讲，各章节之间既有联系又独立成章，便于读者选取其中任何一个部分学习了解。西方经典建筑以时间为线索（古埃及、欧洲古典时期、欧洲中世纪、欧洲资本主义萌芽与绝对君权时期、欧美资产阶级革命时期、现代主义、现代主义之后）展开，每个时间段的切入点与视角不同，有时讲演变，有时讲艺术，通过变换兴趣中心，尽量展现建筑丰富的多样性特征。另外，教材的每一章节均以几个通俗的小问题开篇，以吸引读者探究。问题是章节内容展开的关键点，章节内容学习完成后，问题的答案也就清晰明了了，使读者真正是带着兴趣学习而有所收获。

本书在撰写、编辑及出版过程中得到了岭南美术出版社编辑的悉心指点和关照，在此深表谢意。同时书中引用了相关资料与网络资源，向原著作权人一并致谢！

对于建筑艺术的欣赏与评论是一个多角度、多元化的过程，限于编者的研究水平，书中错误与不成熟之处在所难免，恳请专家、同行和读者批评指正。

目　录

上篇：中国传统建筑艺术欣赏

上篇：中国传统建筑艺术欣赏

1

第一章

中国传统建筑艺术概述

课前练习小测

1. 图中的塔被称作世界上“三大奇塔”之一，你能说出它的名字吗?

2. 你猜一猜这座塔存在多少年了?

A. 100 年左右

B. 500 年左右

C. 900 年左右

3. 你能一眼看出下面两个建筑哪个级别高吗?

第一节　中国传统建筑材料特点

中国古建筑艺术源远流长，不同地域的建筑艺术风格各有差异，但形成并保留下来了一些较为鲜明且颇具共性的建筑特征，包括建筑的材料、结构和形式等方面，区别于西方，享誉全球。

中国古建筑以木材为主要建筑材料，涉及宫殿、陵墓、寺庙、民居等多种建筑类型，其中家具、装饰、工艺品、器皿等也都与之息息相关。

一、选用木材的优势

1. 资源丰富

在古代，木材来源丰富。我国幅员辽阔，森林广袤，取材方便。而且，材料的种类也丰富多样。

2. 灵活实用

木材的采伐、处理、施工快捷，便于修缮、拆卸和搬迁。加工速度远比石材快，使用石器即可完成砍伐、开料、平整、做榫卯的工序，节约劳动力。唐宋以后使用了类似于今天的建筑模数制的方法，木构件定型化，可同时加工，再组装拼接。欧洲古代一些教堂往往要花上百余年才能完成，而明成祖兴建北京宫殿，从备料到竣工只用了十几年。

如图1-1所示，意大利比萨斜塔，主要建筑材料为乳白色大理石，建于1174年，1350年完成，建造时间约176年。

北京故宫博物院（以下简称“故宫”）（图1-2），旧称紫禁城，是中国明清两代的皇家宫殿，有房屋9000多间，总占地面积72万平方米，建筑面积约15万平方米。1406年开始建设，1420年建成。14年间，备料时间有9年，真正施工组装只用了5年时间。

图1-1　意大利比萨斜塔

图1-2　北京故宫

3. 抗震性能较强

木材本身有一定韧性，既抗弯也抗压，木材之间以榫卯形式连接。榫卯节点有一定程度的可活动性，在消减地震力带来的破坏方面具备很大潜力。山西应县木塔（图1-3），饱经千年风雨，历经数十次的地震和战火而不倒，哪怕是滚滚的雷击都没有将其摧毁。另外，通过对中国传统古建筑等比例模型进行十级地震模拟实验，木构框架能很好地保持原有结构，更是有力的证明。（详见二维码）

山西应县木塔，又名佛宫寺释迦塔，建于1056年，是世界上现存最古老、最高大的木塔。它与法国埃菲尔铁塔、意大利比萨斜塔一起被称作世界上的“三大奇塔”。

图1-3 山西应县木塔

中国古建筑的抗震智慧

二、选用木材的缺点

1. 耐火性差，易受雷击

木建筑怕火，所以古人以许多构件表达避火的美好愿望，如鸱吻、门海、悬鱼等。

鸱吻（图1-4），传说是龙的第九子，能吞世间万物，而且激浪成雨，能镇火灭灾，所以把它放在屋脊两端，祈求神兽抗击火灾。为了防止鸱吻“擅离职守”，逃归东海，又在其身上插一把剑，将其镇住。

门海（图1-5），故宫三大殿石台阶下的蓄水缸，本意是起火的时候用缸里的水灭火，但其实杯水车薪。在其表面涂金，成了皇权象征意义的摆设。

悬鱼（图1-6），是一种建筑装饰，大多用木板雕刻而成，悬挂在屋顶两端的博风板下，与正脊相垂

图1-4 鸱吻

图1-5　门海

图1-6　悬鱼

直，因其最初形状为鱼形，故取名“悬鱼”。鱼生活在水里，寓意避火。

2. 易受潮腐蚀，遭白蚁侵蚀

木材如果保存条件好，可以留存上千年。但在潮湿的环境中，如果不经常通风干燥，则很容易糟朽。此外，在南方，白蚁对木建筑构成了严重威胁。

3. 对自然资源的破坏

杜甫的《阿房宫赋》中言“蜀山兀，阿房出”，说明砍伐木材对自然资源造成了严重的破坏。到宋代，建造宫殿所需的大木料已感紧缺，建筑学著作《营造法式》用法规形式规定了大料不能小用，长料不能短用，边角料用作板材，柱子可用小料拼成等一系列节约木材的措施。

第二节　中国传统建筑结构特点

1997年，丽江古城整体被列入《世界遗产名录》。之前在申遗过程中，丽江曾经发生大地震，在古城中许多老建筑的墙体受损，但是整座建筑仍然屹立不倒，反而周边钢筋混凝土的新建筑纷纷倒塌。那么，丽江古城在地震中为什么会呈现“墙倒屋不塌”的现象？答案就在于中国传统建筑的结构特点。

一、木框架体系

中国古建筑大都以木框架结构体系为主要结构形式，承重结构与围护结构分离。（图1-7）由柱、梁、檩、枋、斗拱等大木构件组成承重结构，承受来自屋面、楼面的荷载以及风力、地震力。墙、门窗、屋面作为围护结构，并不承重，只起维护、分割和稳定柱子的作用。房屋内可以自由地分隔空间，门窗可任意开设。使用灵活性大，无论山区、水乡、寒带、热带都能满足需求。

二、榫卯连接方式

木结构体系搭建的关键技术是榫卯结构，即木构件间的连接不需要其他材料的辅助，主要是依靠两个木质构件之间的插接。（图1-8）榫表示构件突出的部分，卯表示凹进的部分，榫部紧密地嵌入卯中，就称为榫卯结构。这种构件间的连接方式使木结构具有柔性的结构特征，有一定的灵活度，抗震性强，并具有可以预制加工、现场装配，以及营造周期短的明显优势。

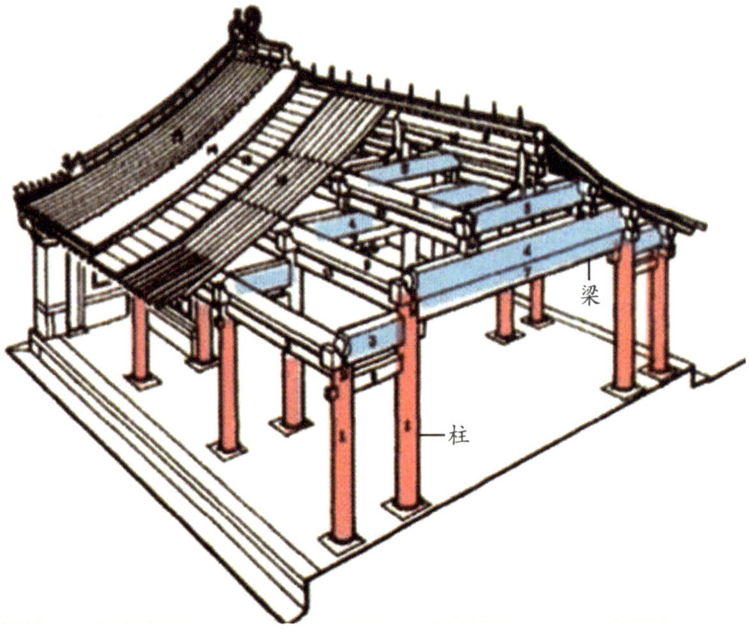

图1-7　木框架结构示意图

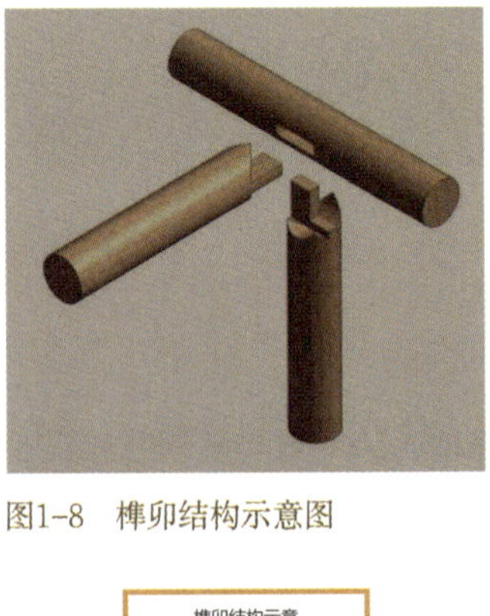

图1-8　榫卯结构示意图

榫卯结构示意

第三节　中国传统建筑形态特点

一、大屋顶

中国传统古建筑单体一般为“三段式”：屋顶、屋身、台基三部分，即上、中、下，就像一个戴着帽子的人。（图1-9）

其中，屋顶是中国传统建筑中视觉效果和艺术感染力最强烈的部分。一般由木结构屋架构建而成，因木料层层叠加，屋顶部分有时比屋身更大、更突出。屋架上铺以青灰瓦或琉璃瓦。

硕大的屋顶容易产生笨重、压抑之感，而中国古建筑巧妙地解决了这一问题，屋檐设计两头高中间低，屋面四周伸展出屋身，形成柔和优美的曲线。古代文人将它形容为“如鸟斯革，如翚斯飞”。展翅欲飞的屋顶成了中国古建筑最富情趣的部分。

随着文化的繁荣发展，屋顶形制也更加丰富。明清时期，古建筑屋顶常见的有五种样式：庑殿顶（图1-10、图1-11）、歇山顶（图1-12、图1-13）、悬山顶（图1-14、图1-15）、硬山顶（图1-16、图1-17）和攒尖顶（图1-18、图1-19）。其中，庑殿顶又分为单檐庑殿顶和重檐庑殿顶；歇山顶又分为单檐歇山顶、重檐歇山顶、十字歇山顶等；对于悬山顶、硬山顶，既可以有单层平房，也可有两层楼房；攒尖顶有三角、四角、五角、六角、八角、圆形等形式。

庑殿顶是官式建筑中等级最高的。四面斜坡，屋檐伸出，前后坡屋面相交形成一条正脊，左右屋面与前后屋面相交形成四条垂脊。因此，庑殿又称为五脊殿。多用于宫殿和庙宇的主殿，可用单檐，特别隆重的用重檐。如故宫太和殿为重檐庑殿顶。

图1-9　中国古建筑“三段式”

歇山顶在官式建筑中的等级低于庑殿顶。侧面屋顶向前后两面斜坡歇了一下又转到四角，所以称歇山顶。屋脊数量多，由一条正脊、四条垂脊和四条戗脊组成，故又称九脊殿。歇山顶四角轻盈翘起，气势非凡，既有庑殿顶雄浑的气势，也有攒尖顶俏丽的风格。如北京天安门就是重檐歇山顶。

悬山顶在官式建筑中的等级低于歇山顶，位列第三。有前后两面坡，而且坡面悬出山墙，是我国一般建筑中最常用的一种形式。

硬山顶的形式与悬山顶相似，但它的等级低于悬山顶。这种屋顶造型的最大特点是比较简单、朴素，也有前后两面坡，但屋顶在两侧山墙墙头处与山墙齐平，没有伸出屋架外。明、清时期及其后，硬山式屋顶广泛地应用于我国南北方的住宅建筑中。在皇家建筑和一些大型的寺庙建筑中几乎不用硬山式

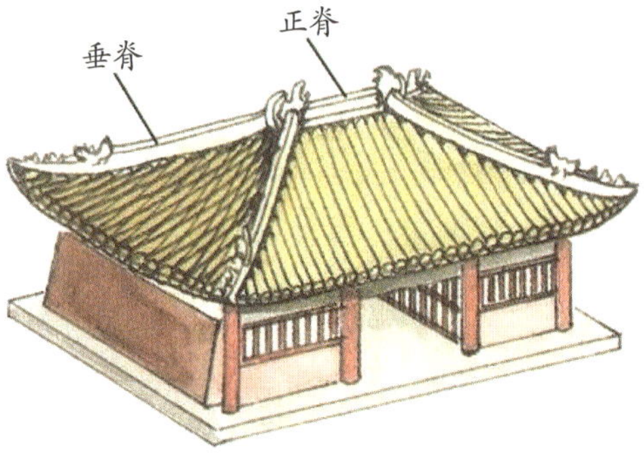

图1-10　庑殿顶

图1-11　故宫太和殿重檐庑殿顶

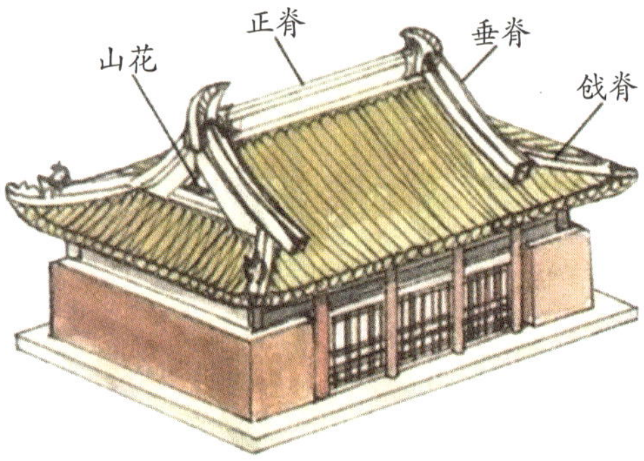

图1-12　歇山顶

图1-13　北京天安门重檐歇山顶

图1-14　悬山顶

图1-15　民居建筑悬山顶

图1-16　硬山顶

图1-17　硬山顶的民居建筑

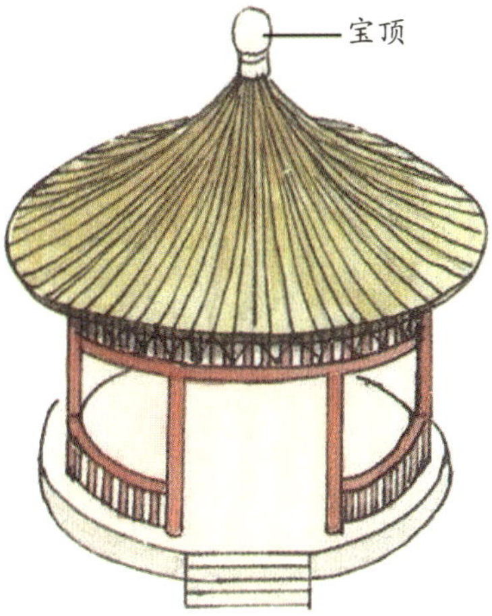

图1-18　攒尖顶

图1-19　天坛祈年殿

屋顶。因为其等级低，故屋面大都是青瓦，并且是板瓦，不能使用瓦筒，更不能使用琉璃瓦。

攒尖顶，建筑物的屋面在顶部交会为一点，形成尖顶样式，只应用于面积不大的楼、阁、亭、塔等，平面多为正多边形及圆形，顶部有宝顶。根据脊数多少，分三角攒尖顶、四角攒尖顶、六角攒尖顶、八角攒尖顶等。绝大部分都是作为景点或景观建筑。典型代表有故宫的中和殿、交泰殿，天坛内的祈年殿。攒尖顶也有单檐、重檐之分。

总的说来，屋顶的等级，重檐屋顶高于单檐屋顶，由此可以分辨出建筑的等级。由高到低分别是庑殿顶、歇山顶、悬山顶、硬山顶，屋顶的级别还可以通过屋脊上的仙人走兽数量加以判断。攒尖顶不参加屋顶等级排序。

仙人走兽是指我国古建筑屋脊上的装饰物。（图1-20）最早见于汉代明器，至清代时始成定制。规定在屋顶转角处使用，走兽皆用单数，数量最多可达11个。每一个兽都有自己的名字和作用。通常最端处的骑凤仙人不计数，其后依次排列为龙、凤、狮子、天马、海马、狻猊、押鱼、獬豸、斗牛。在故宫太和殿屋顶上，在最后增加了一个行什，表示规格之高。（图1-21）乾清宫是皇帝居住和处理日常政务的场所，地位次之，有走兽9个；坤宁宫是皇后的寝宫，设小兽7个；东西六宫妃嫔的居所，设小兽5个。

仙人：又名骑凤仙人。有“逢凶化吉”的寓意。古建筑上将其安排在首位，表示腾空飞翔并有祈愿吉祥之寓意。其作用是固定垂脊下端的第一块瓦件。

龙：代表至高无上的尊贵。龙的角似鹿，鳞似鱼，爪似鹰，皇帝自称为真龙天子，这是皇权的象征。其具有携水镇火之寓意。

凤：传说中的百鸟之王，是祥瑞的象征，它的出现预兆天下太平，人们生活幸福美满。

狮子为镇山之王，威严有力。天马、海马象征皇帝威德通天入海。狻猊为能食虎豹的异兽，象征百

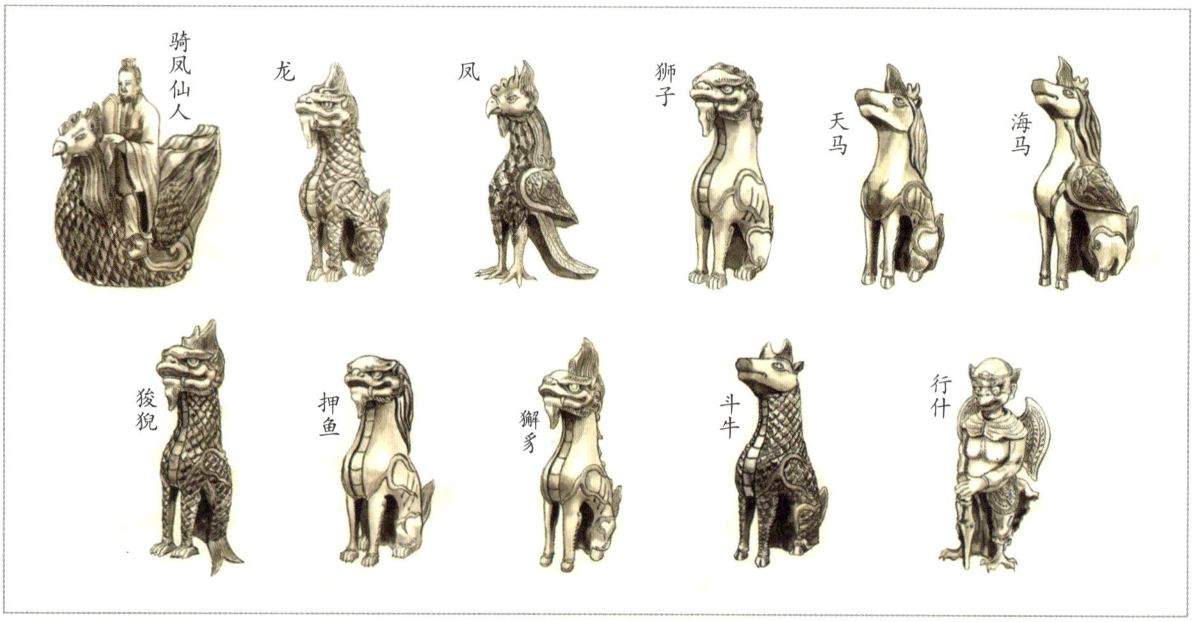

图1-20 仙人走兽

图1-21 故宫太和殿上的仙人走兽

兽率从。押鱼、斗牛可以兴云作雨、镇火防灾。獬豸善辨是非，象征光明正大、公正无私。

行什因排行第十，故得此名。是一种带翅膀、猴面孔的压尾兽。造型像只猴子，但背有双翼，手持金刚杵有降魔功效，又因其形状很像传说中的雷公或雷震子，放在屋顶，是为了防雷。古代建筑上的脊兽，可见的行什仅一处，就是在太和殿上。

走兽其实也有实用功能，因为屋檐有一定的斜度，脊瓦便有下滑的可能，故在交梁上需用多个铁钉加以固定，为掩饰铁钉不美观的痕迹并保护其免受雨淋，匠师们便在钉帽上加饰了这些琉璃小兽。

二、斗拱

斗拱是中国古建筑中特有的木结构构件，在立柱和横梁交接处，是屋顶与屋身立面的过渡。（图1-22）斗拱集结构功能与装饰功能于一体，既是承上启下、传递荷载的结构构件，又以其自身优美、华丽的造型而成为建筑的主要装饰。此外，它还作为封建社会中森严等级制度的象征和重要建筑的尺度衡量标准。

宋代时期，斗拱被工匠们作为建筑模数来使用。《营造法式》以斗拱中“拱”的截面尺寸为一“材”，一座建筑的所有尺度均以此为准，这种方法被称为“材分制”，材分八等。（图1-23）不同级别的建筑根据所采用的“材”不同，所建的大小与规模也就分出了等次。

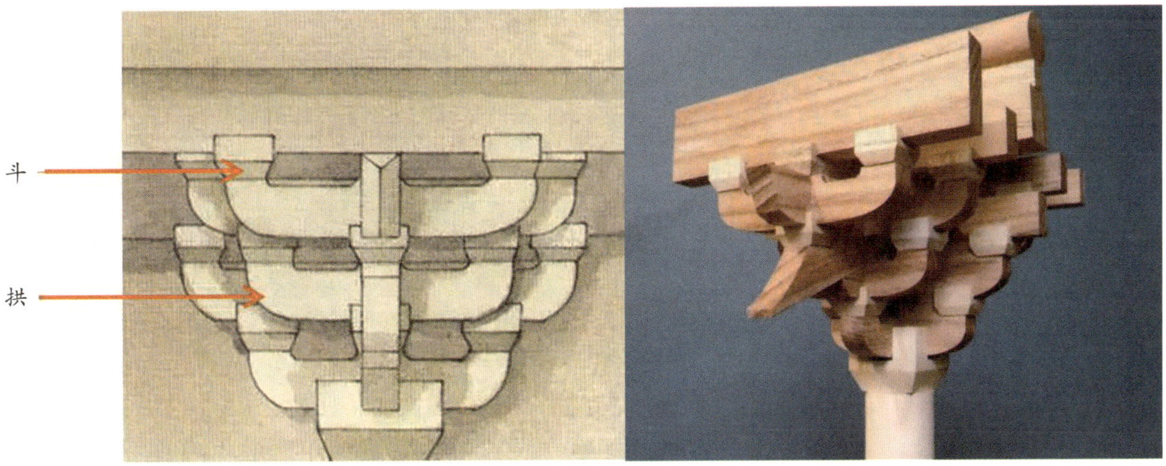

图1-22　斗拱示意图

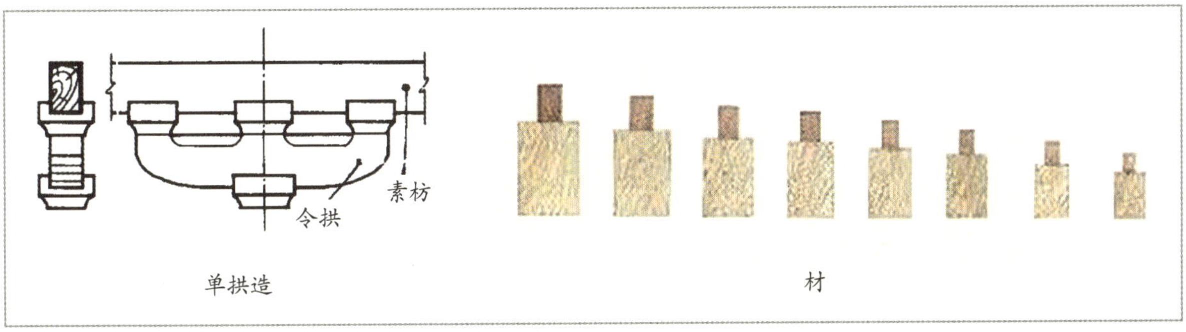

图1-23　材分八等示意图

唐宋时期斗拱主要是作为结构构件存在，疏朗，形体粗大壮硕，对建筑的构架起着较为重要的承重作用，同时也有一定的装饰作用。（图1-24）正因为斗拱的壮硕雄美，才有了唐代建筑的气魄宏伟、严整开朗，如五台山佛光寺大殿。（图1-25）明代以后，斗拱的承重作用逐渐向装饰性、模数转变，致密，形体小巧。清代时基本只作为装饰件，并且只有宫殿、庙宇等建筑可以使用，以显示皇家与神佛的威严与尊贵（图1-26、图1-27）。斗拱特征总结见下表。

斗拱特征总结

	早期（唐宋时期）	后期（明清时期）
斗拱表现	形体大、数量少	形体小、数量多
斗拱作用	承重、结构作用	装饰、模数作用

图1-24

图1-25

图1-26

图1-27

图1-24 唐代斗拱

图1-25 五台山佛光寺大殿斗拱（唐代）

图1-26 清代斗拱

图1-27 故宫太和殿斗拱（清代）

2

第二章

宫殿建筑

课前练习小测

1. 你看到的这组建筑群，名字叫什么？

A. 紫禁城

B. 北京故宫

C. 故宫博物院

2. 俗话说“无事不登三宝殿”，你知道是哪三宝殿吗？

3. 修建紫禁城需要准备很多的材料，你认为下面哪种材料是不需要的？

A. 木材　　B. 铁钉　　C. 石材　　D. 金砖

中国传统建筑采用木构结构体系，与西方建筑相比，建筑个体的形制多为简单的矩形，单纯、规整。如果说西方建筑艺术主要体现在单体建筑的宏伟壮丽上，体现长、宽、高三维空间，那么中国的古建筑艺术的博大与壮观是在建筑的三维空间上更进一步，还体现了建筑群体的序列性，增加了在建筑中行进的时间概念，是四维空间的营造。（图2-1、图2-2）

早在2000多年前汉朝墓中的画像砖上就出现了中国古建筑群体的组合方式，如图2-3所示。庭院整体分为左右两个部分，左侧有前后两重院落，由四周的房屋和廊屋围合而成。通过最前面的大门进入院子，穿过中间的房屋后再到后院的主要堂屋。右侧应该是附属建筑，可以看到有瞭望楼台。再往前有厨房、水井。画面中有畅谈的主人，有扫地的仆人，还有鸡、雀、狗等家畜，应该是一户官吏或富商的住宅。这种由房屋四面围合成院的形式，就是四合院，也是中国古代建筑群体的最基本形式。不同类型的建筑有不同的需求，住宅需要宁静舒适，寺庙需要神秘肃穆，宫殿需要雄伟气魄。所以，尽管都是以四合院为基本单元组合而成的建筑群体，也会以大小及组合方式的不同创造出丰富多彩的形态。其中规模最大、形态也最为复杂的四合院群体就是北京明、清两朝的宫殿——北京故宫。

图2-1　巴黎圣母院（三维空间）

图2-2　河北承德普陀宗乘之庙　三维空间＋行进时间（四维空间）

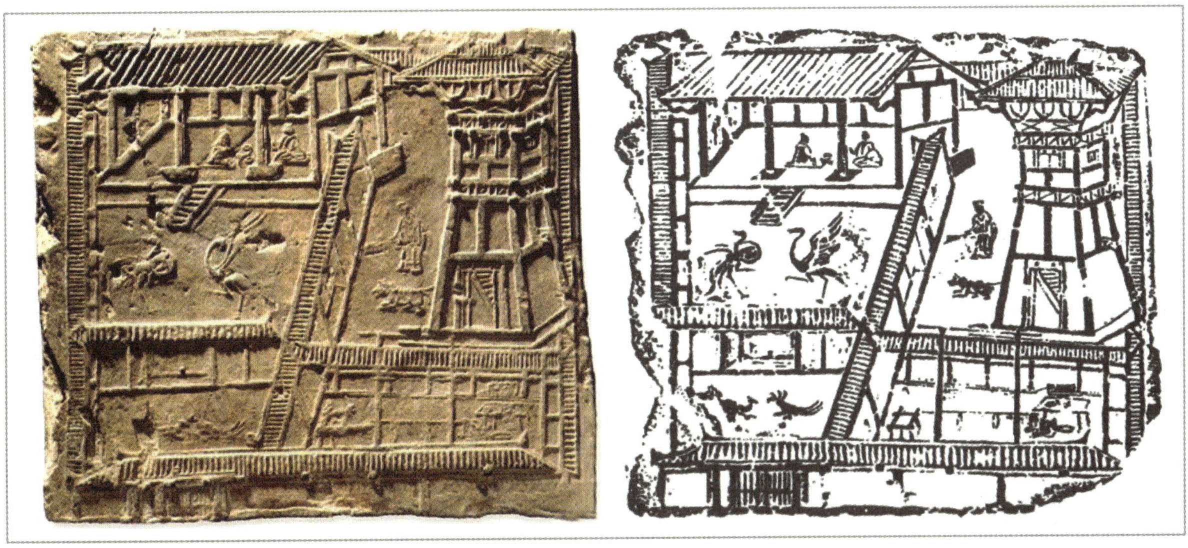

图2-3　汉代画像砖（住宅庭院布局）

“宫殿”一词专属于皇帝，给皇帝生活起居使用的建筑叫作“宫”，举行典礼仪式或处理政务的建筑称“殿”。宫殿建筑是古代皇权的象征，历朝历代的皇帝们为了突出皇权的威严，满足物质生活和精神生活的享受而建造了规模巨大、气势雄伟的宫殿建筑群。如秦咸阳宫，汉未央宫、长乐宫，唐太极宫、大明宫等。（图2-4、图2-5）目前保留最为完好的为北京故宫。

图2-4　秦咸阳宫遗址与汉长安城

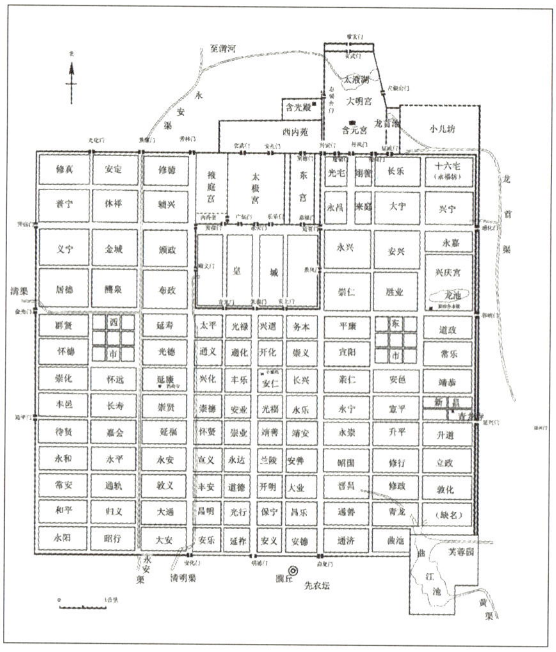

图2-5　唐长安城示意图

北京故宫位于北京市中心，旧称紫禁城。今天，人们习惯称之为“故宫”。它是世界上著名的五大宫殿之一，其余四个为法国凡尔赛宫、英国白金汉宫、美国白宫、俄罗斯克里姆林宫。

北京故宫是明、清两朝的宫殿，在此先后居住过24位皇帝。始建于公元1406年，建成于公元1420年。南北长961米，东西宽753米，占地面积72万多平方米，约有100个标准足球场那么大。建筑面积约15万平方米。故宫四周围绕10多米高的城墙，城外有50多米宽的护城河。开有四座城门，南面为午门，北面为神武门，东面为东华门，西面为西华门。城墙的四角，各有一座风姿绰约的角楼。故宫有大小宫殿70多座，现存房屋9000余间，是一组无与伦比的古代建筑杰作，集中体现了我国古代建筑艺术的优秀传统和民族风格。1925年10月10日成立故宫博物院，开始对外开放。1961年故宫被国务院公布为“全国重点文物保护单位”，1987年被联合国教科文组织列入《世界遗产名录》。（图2-6）

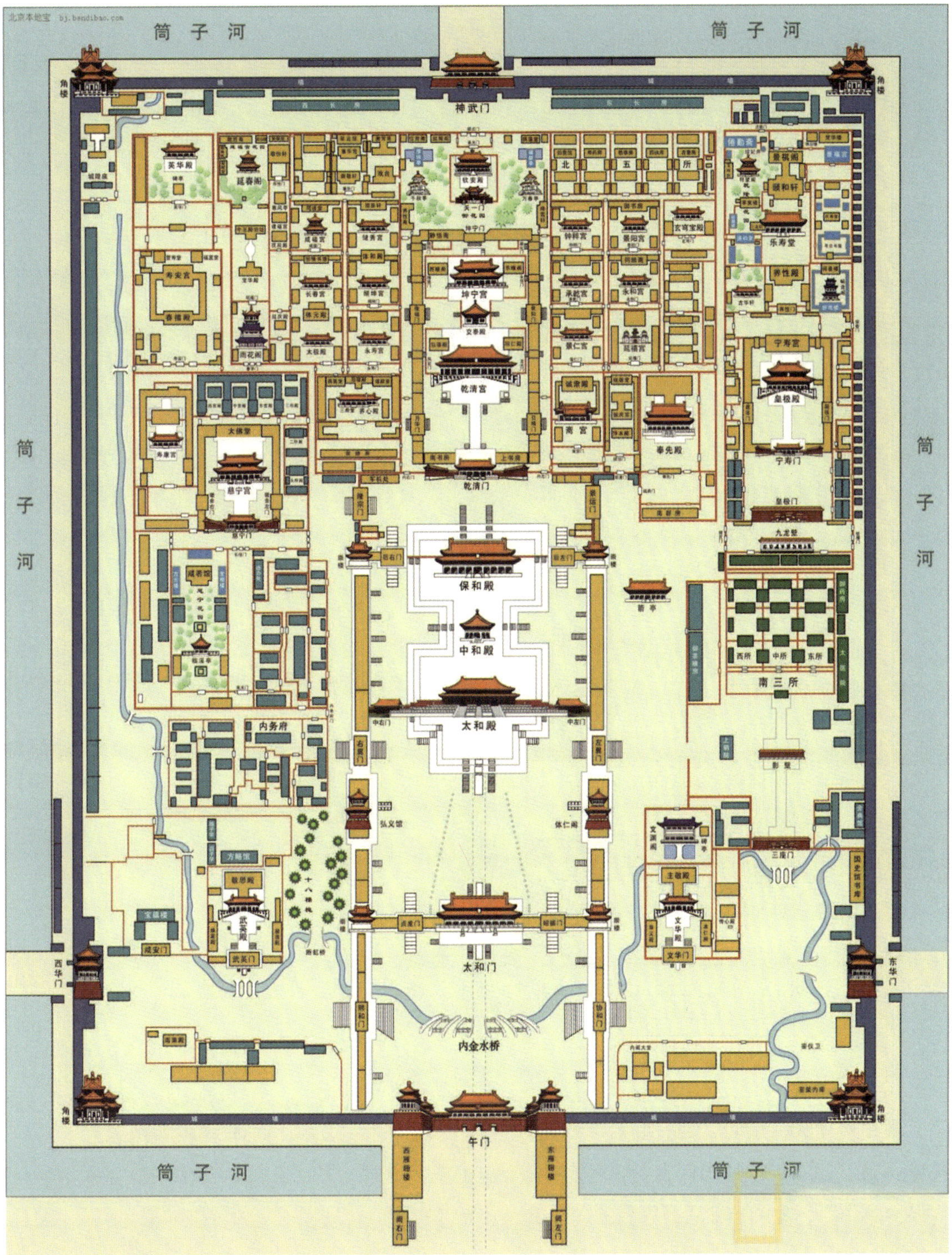
筒子河
神武门
角楼
乾清门
乾清宫
坤宁宫
保和殿
中和殿
太和殿
太和门
内金水桥
午门
南三所
内务府
皇极殿
宁寿门
奉先殿
慈宁宫
武英殿
文华殿
西华门
东华门

图2-6　故宫平面图

第一节　规划布局

早在战国时期记述官营手工业各工种规范和制造工艺的文献《周礼·考工记》中提道："匠人营国，方九里，旁三门。国中九经九纬，经涂九轨，左祖右社，面朝后市，市朝一夫。"意思是指匠人营建都城，九里见方，都城的四边每边三门。都城中有九条南北大道、九条东西大道，每条大道可容九辆车并行。王宫的路门外左边是宗庙，右边是社稷坛；王宫的寝处前面是朝殿，王宫的后面是市。每市和每朝各百步见方。（图2-7）宫殿建筑在漫长的发展过程中基本遵循这一规制，但又因地做出少许变化，逐渐衍生出更多的设计理念。北京故宫的布局符合《周礼·考工记》规格，整个布局思想和建筑艺术手法，都是为了突出封建帝王至高无上的地位和渲染皇宫非凡威严的气势，具有"前朝后寝、三朝五门、左祖右社、中轴对称"等特点。

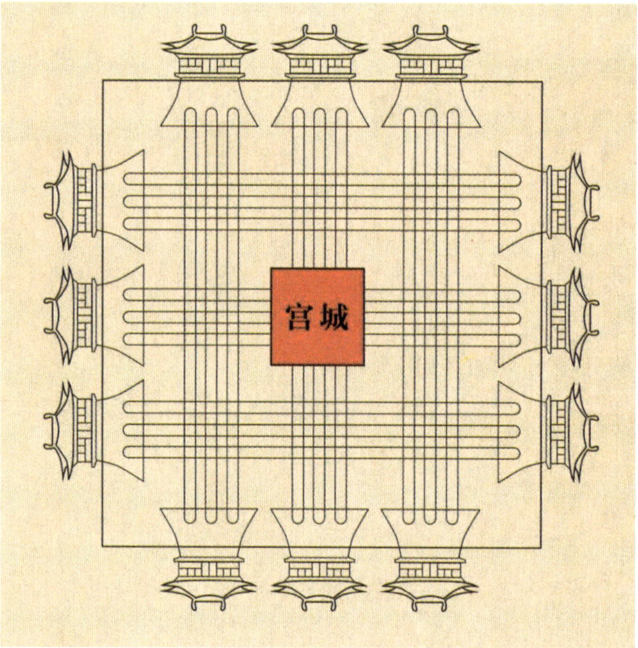

周王城图

图2-7　周王城图

一、前朝后寝

北京故宫是封建帝王执政和生活的地方。依其功用，布局采用"前朝"与"后寝"的形式，或称"外朝"与"内廷"。以乾清门为界，其南为前朝，用于处理政务；其北为后寝，用于生活起居。（图2-8）

前朝以太和殿、中和殿、保和殿为中心，统称三大殿，是封建皇帝举行朝会、行使权力，朝廷举行重大典礼的地方。两翼东有文华殿、文渊阁、上驷院、南三所；西有武英殿、内务府等建筑。前朝是王权的象征。

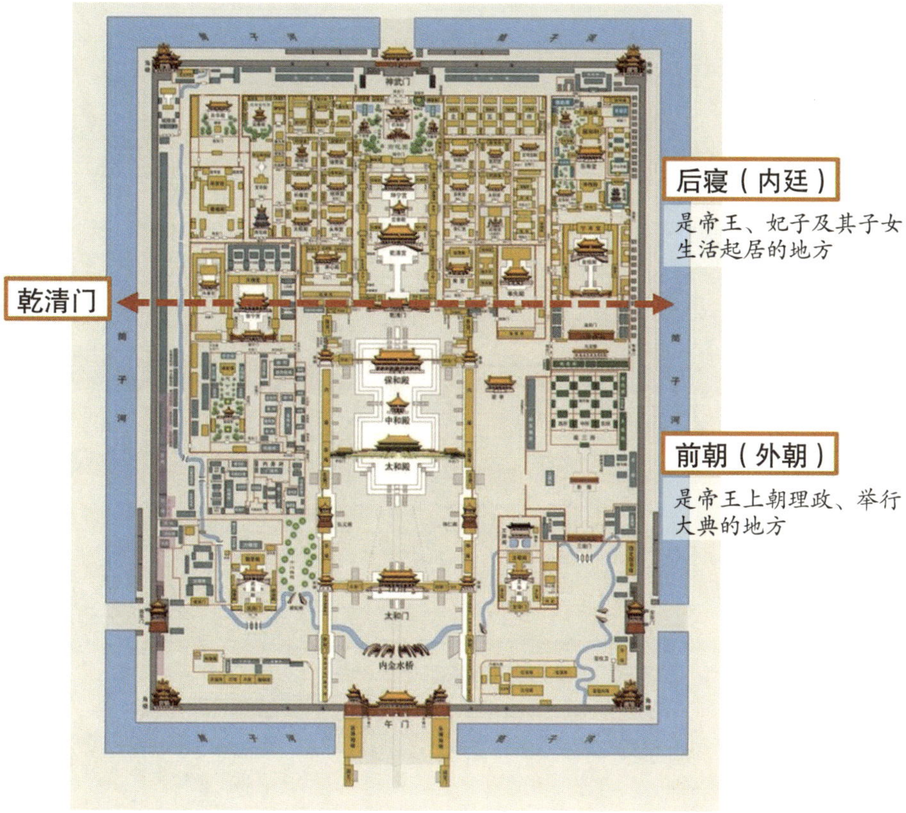

图2-8　故宫分区示意图

后寝以乾清宫、交泰殿、坤宁宫为中心，统称后三宫。两翼为养心殿、东六宫、西六宫、斋宫、御花园、戏台等。是皇帝处理日常政务及自己与后妃们生活居住的地方。

在前朝、后寝的外围和空隙中，还藏有大大小小的灰色瓦顶的小房子，它们是供宫中佣工和太监、宫女居住，以及存放生活物资的附属建筑。

故宫前朝与后寝的建筑风格迥然不同。前朝建筑宏伟壮丽，庭院明朗开阔，象征封建政权至高无上。最宏伟的太和殿坐落在紫禁城对角线的中心，以显示皇帝的威严，震慑天下。后寝部分庭院深邃，建筑紧凑，东西六宫都自成一体，各有宫门宫墙，相对排列，秩序井然，再配以宫灯联对、绣榻床几，都是适应豪华生活需要的布置。后寝之后是御花园。园内有岁寒不凋的苍松翠柏，有秀石叠砌的玲珑假山，楼阁亭榭掩映其间，优美而恬静。

二、三朝五门

在中国古代，礼是统治者用以治国的根本。礼制是什么？《礼记·曲礼上》讲得很清楚：“道德仁义，非礼不成。教训正俗，非礼不备。分争辨讼，非礼不决。君臣上下、父子兄弟，非礼不定。”礼是决定人伦关系、明辨是非的标准。它不仅是一种思想，还是一系列行为的规则，其核心思想就是建立一种等级的制度。规定从宫室、器皿的大小，死后坟头的高低、棺椁的厚薄等都有等级的区别，物品越大越高贵。在宫室、庙堂的建造中，又以建筑群的规模和房屋之高低为贵贱的标准。

“三朝五门”是从周朝起就确立的一项宫殿制度。（图2-9）《周礼》规定“天子五门，诸侯三

图2-9　三朝五门示意图

门”，象征着尊崇礼序。“五门”指的是皋门（皇宫最外层的大门）、库门（皇宫仓库之门）、雉门（皇宫的宫门）、应门（治朝之门，取君王应天之命而为人君之意）、路门（燕朝之门，门内即为天子及妃嫔燕居之所）。“五门”划分出的三个行政区域称“三朝”，分别是外朝、治朝、燕朝。外朝的主要功能是举办大规模礼仪性朝会；治朝的主要功能是日常议政朝会；燕朝也称内朝，主要功能是举行册命、帝王听政等场所。

对应到清朝时期，故宫中的“五门”为天安门、端门、午门、太和门和乾清门。通常认为，天安门以外是外朝，午门以内是治朝。

设计者按照《周礼》中天子应有“五门”的说法设计，朝见天子时必须经过庭院和多重禁门的阻隔，通过层层深入而又层层紧缩的封闭空间，使人在心理上产生了神秘、森严与畏惧之感，这种感觉也随着不断接近太和殿而逐步加强。一道道宫门时而开启，时而关闭，将偌大一个紫禁城划分出许多不同的区域。这些门既象征着至高无上的权力，同时也是一个王朝兴衰荣辱的命门。

“三朝五门”不仅是一种营建宫城的制度，同时也是一种王权的象征，如九鼎一样，只有帝王才能享有。

三、左祖右社

“左祖右社”又称“左庙右社”。在故宫南北中轴线上，午门、端门和承天门（天安门）之间的御道外侧，东边建太庙，是明清时期供皇帝祭祀祖先的建筑；西边建社稷坛，是皇帝每年固定祭祀土神和谷神的地方。（图2-10）“左祖右社”的布局形式体现的是王朝的政治观念，也体现了中国的礼制思想，崇敬祖先、提倡孝道。另外，有土地才有粮食，“民以食为天”，社稷坛的布局，是祈望风调雨顺、国泰民安观念的集中体现。

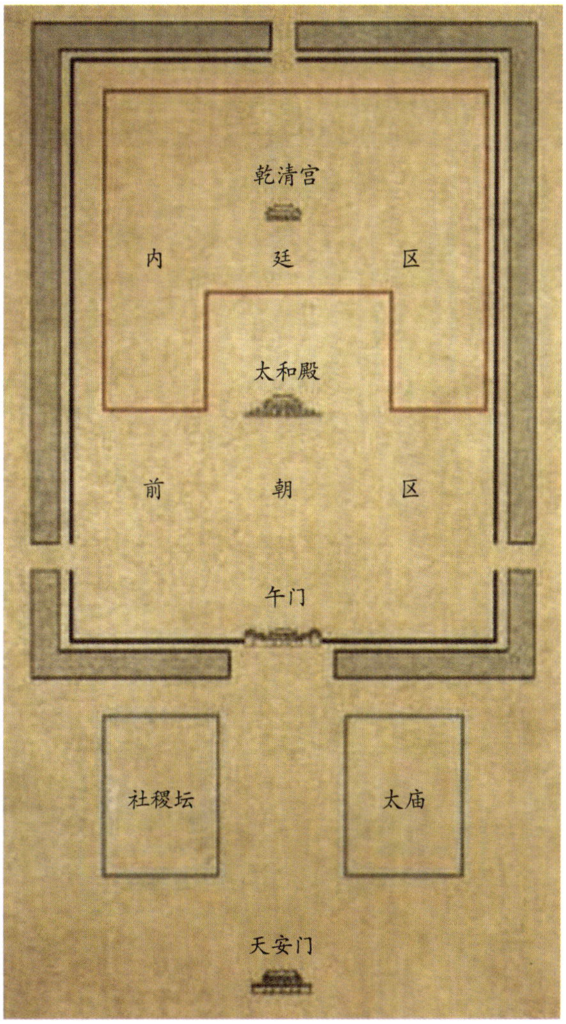

图2-10　左祖右社示意图

四、中轴对称

北京故宫宫殿布局是沿着一条南北向中轴线排列的，向两旁展开，南北取直，左右对称。三大殿、后三宫、御花园等重要建筑都位于这条中轴线上。次要建筑，如文华殿、武英殿、东西六宫等排列在中轴线两旁。在1.6千米长的中轴线上，用连续的、对称的封闭空间，形成逐步展开的建筑序列来衬托出帝王宫殿的庄严、崇高、宏伟。（图2-11）

故宫内每一个宫殿的院落也是严格按照中轴线形式布局，宫门、前殿、后殿依次排列在院落的中轴线上，配殿则分布在两侧位置。中轴对称布局建筑的从属关系明确，体现出皇权的至高无上和宫殿的尊严华贵。

这条中轴线不仅贯穿北京故宫内，而且又作为北京城的中轴线向南北两方向延长，以此来强调和突出宫城的显赫地位。中轴线南达永定门，北到钟鼓楼，贯穿了整个北京城，气魄宏伟，规划严整，极为壮观。（图2-12）

图2-11 故宫中轴线

图2-12 北京城中轴线

第二节 建筑单体

“间”是指房屋的宽度，两根立柱中间算一间，间数越多，立面宽度越大。“进”是指房屋的深度，架数越多，房屋越深。与其他类型的建筑相比，宫殿建筑的象征与标志作用自然会表现得更为明显和突出，下面以北京故宫中轴线上的重要单体建筑为例进行介绍。（图2-13）

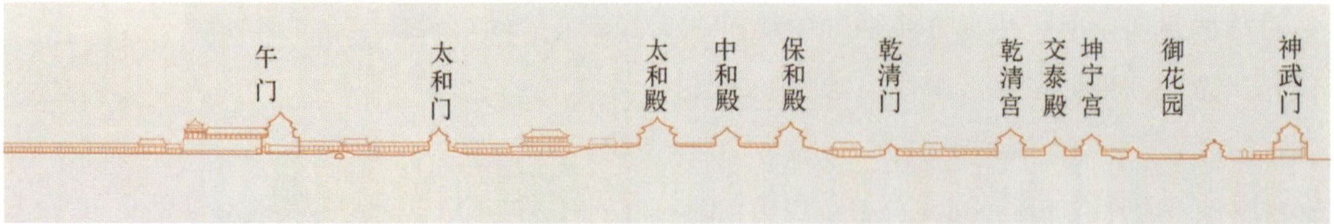

图2-13 北京故宫中轴线上的重要单体建筑

一、午门

午门是整座故宫的大门，位于紫禁城的最南面，是体积最大、等级最高的城门。12米高的城台上，中央有一座九开间的重檐庑殿顶大殿，在它的两侧各有13间的殿屋向南伸出。这种呈“凹”字形的门楼称为“阙门”，是中国古代大门中最高级的形式，有利于突出皇宫建筑威严肃穆的特点。（图2-14）

图2-14　午门南侧

午门城台下正中开三门，两侧各有一座掖门，俗称“明三暗五”。五个门洞各有用途：中门为皇帝专用门道，除皇帝外，皇后大婚入宫乘坐的喜轿可以从中门进宫一次；通过殿试选拔的状元、榜眼、探花，在宣布殿试结果后可从此门出宫一次，这算是特许了。东侧门供文武官员出入。西侧门供宗室王公出入。两掖门只在举行大型活动人数较多时开启。各省举人按在会试时考中的名次，单数走东掖门，双数走西掖门。一座午门的五个门洞充分表现出了鲜明的等级制度。

每年腊月初一，要在午门举行颁布次年历书的典礼。遇有重大战争，大军凯旋时，要在午门举行向皇帝敬献战俘的“献俘礼”。明代皇帝处罚大臣的“廷杖”也在午门举行。民间传说中所谓“推出午门斩首”虽指此地，但把如此重要的地方作为杀人刑场是不可能的，此说显然不符合史实，实际上斩首是在城外菜市口。

二、太和门

太和门位于午门的北面，是紫禁城前朝部分的大门，面阔9间，进深4间，建筑面积1300平方米。（图2-15）上覆重檐歇山顶，下为汉白玉基座，梁枋等构件绘以和玺彩画。太和门在明代是“御门听政”之处，皇帝在此接受臣下的朝拜和上奏，颁发诏令，处理政事。清代初年的皇帝也曾在此听政、赐宴，后来“御门听政”改在乾清门。

太和门前广场面积约2.6万平方米，金水河自西向东蜿蜒流过。河上横架5座石桥，称内金水桥。（图2-16）紫禁城里并没有自然河道，这条金水河从何而来？

原来在中国人的环境观念中，背山面水是一种理想的模式。即使没有优越的自然地势环境，也要人工创造出相应的条件以求得吉祥与安宁。紫禁城在修建的过程中，用挖掘护城河的泥土在宫城的北面堆筑了一座景山，又从护城河中自城西北角直线引出水流入宫中，以造成背山面水的吉利环境。金水河这一设计不但加强了广场的艺术表现力，缓解了皇宫严整的紧张气氛，还具备宫中防火排涝的功能，可见设计者的用心缜密。

图2-15　太和门

内金水桥

图2-16　内金水桥

三、前朝三大殿

从太和门进入，一个宽敞的空间呈现在眼前，这里是故宫内最大的广场——太和殿广场。广场上没有一草一木，显得格外庄严肃穆。正中轴线上三大殿依次是：太和殿、中和殿、保和殿，俗语“无事不登三宝殿”指的就是这三座殿。大殿坐落在8.13米高的三层汉白玉石基上，石基平面呈“土”字形，象征“王土居中”。（图2-17）坚实厚重的巨大台基，将三座大殿高高托出于地面，把紫禁城主要建筑凸显出来。汉白玉石基座周围环绕栏板，栏板下安有排水用的石雕龙头，每逢雨季，可呈现千龙吐水的奇观。（图2-18）

三大殿

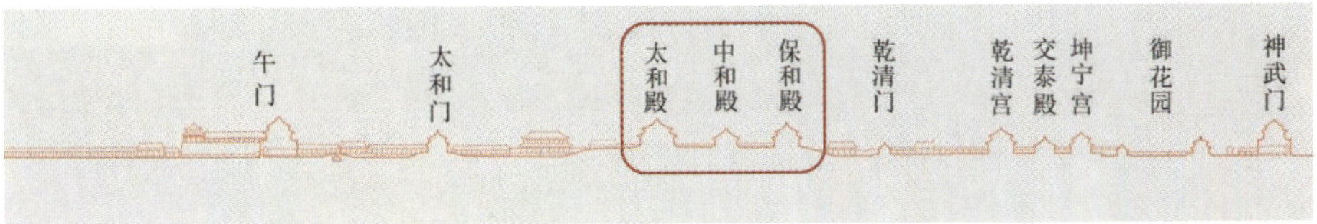

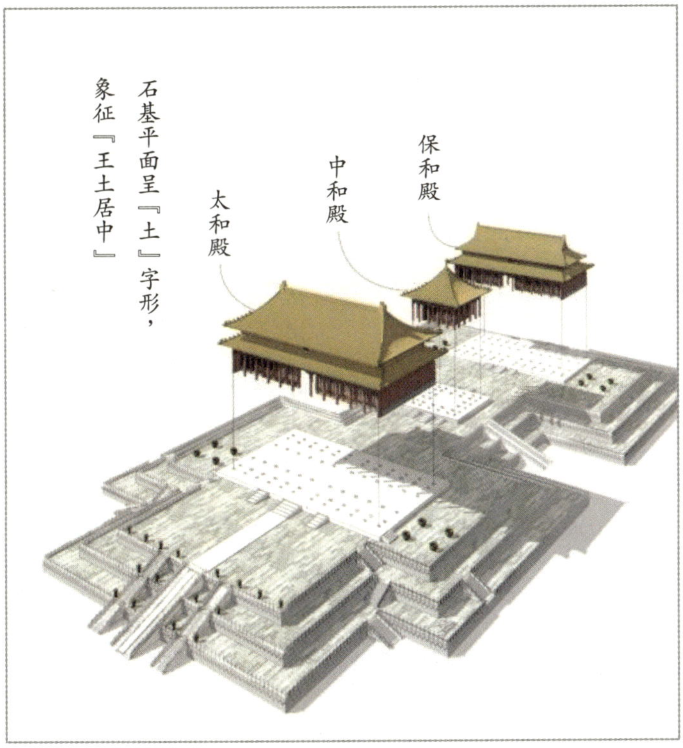

图2-17　三大殿

图2-18　千龙吐水场景

四、太和殿

太和殿（图2-19），俗称“金銮殿”，位于故宫主轴线的显要位置，1420年建成，后屡遭焚毁，又多次重建，今天所见为清代康熙年间重建后的形制。太和殿是中国留存的古建筑中，开间最多、进深最大、屋顶最高的一座大殿，可谓古代建筑之首。

太和殿面阔11间，进深5间，高26.92米，建筑面积2377平方米，连同台基通高35.05米，为紫禁城内规模最大的殿宇。其上为重檐庑殿顶，屋脊两端安有高3.4米、重约4.3吨的鸱吻。檐角安放11个走兽，数量之多为现存古建筑中少见。

太和殿的装饰十分豪华。室内外梁枋上饰以金龙和玺彩画。殿内金砖铺地，殿中设宝座，宝座两侧排列6根直径1米的巨柱，沥粉贴金云龙图案，六条蟠龙盘旋金柱而上，龙头探向宝座。宝座上方天花正中安置形若伞盖向上隆起的藻井。藻井正中雕有蟠卧的巨龙，龙头下探，口衔宝珠。（图2-20）

图2-19　太和殿

图2-20　太和殿室内

明清两朝皇帝都在太和殿举行盛大典礼，如皇帝即位、皇帝大婚、册立皇后、命将出征。此外，每年万寿节、元旦、冬至三大节，皇帝也在此接受文武官员的朝贺，并向王公大臣赐宴。清初，还曾在太和殿举行新进士的殿试，乾隆五十四年（1789年）始，改在保和殿举行。

五、中和殿

中和殿（图2-21），位于太和殿北侧。殿名取自《礼记·中庸》："中也者，天下之大本也；和也者，天下之达道也。""中和"二字是说，凡事要做到不偏不倚、恰如其分才能使各方关系和顺，其意在于宣扬"中庸之道"。

中和殿平面呈正方形，面阔、进深各为3间，四面有廊，金砖铺地，建筑面积580平方米。屋顶为单檐四角攒尖，屋面覆盖黄色琉璃瓦，中为铜胎鎏金宝顶，四面均可开门。

明清两朝，在太和殿举行各种大典之前，皇帝先在中和殿小憩，并接受执事官员的朝拜。凡遇皇帝亲祭，如祭天坛、地坛，皇帝于前一日在中和殿阅视祝文，祭先农坛举行亲耕仪式前，还要在此查验种子和农具。

六、保和殿

保和殿（图2-22），位于中和殿北侧。面阔9间，进深5间，高29.5米，建筑面积1240平方米。屋顶

图2-21 中和殿

图2-22 保和殿

为重檐歇山顶，上覆黄色琉璃瓦，上下檐角均安放9个小兽。内外檐均饰金龙和玺彩画，天花为沥粉贴金正面龙。殿内金砖铺地，坐北向南设雕镂金漆宝座。

保和殿于明清两代用途不同，明代是大典前皇帝更衣之处，册立皇后、皇太子时，皇帝在此殿受贺。清代每年除夕、正月十五，皇帝赐宴王公大臣、外藩及每科殿试等均在此举行。

七、乾清门

乾清门（图2-23）为北京故宫后寝的正宫门。面阔5间，进深3间，高约16米，单檐歇山屋顶，坐落在高1.5米的汉白玉石须弥座上，周围环以雕石栏杆，两侧列铜鎏金狮子一对。中间开三门，门厅敞亮，檐下斗拱绘金龙和玺彩画。门两侧为“八”字形琉璃影壁，高8米，长9.7米，壁上有琉璃花装饰，花形自然逼真，色彩绚美艳丽，在阳光的照射下流光溢彩，将乾清门映衬得华贵富丽。穿过门后，有高台甬路连接乾清宫。

乾清门是连接内廷与外朝往来的重要通道，在清代还兼做处理政务的场所，清代的“御门听政”就在此处举行。

图2-23　乾清门

八、后寝后三宫

进入乾清门就到了后宫，与前朝形成鲜明对比的是，这里的建筑不再高大、威严，而更具生活烟火气。居于主轴线上正中的是后三宫，其形制与前三殿相似，但体量要小。围绕后三宫的有东六宫、西六宫、御花园等。它们共同构成了皇宫内的生活区。（图2-24）

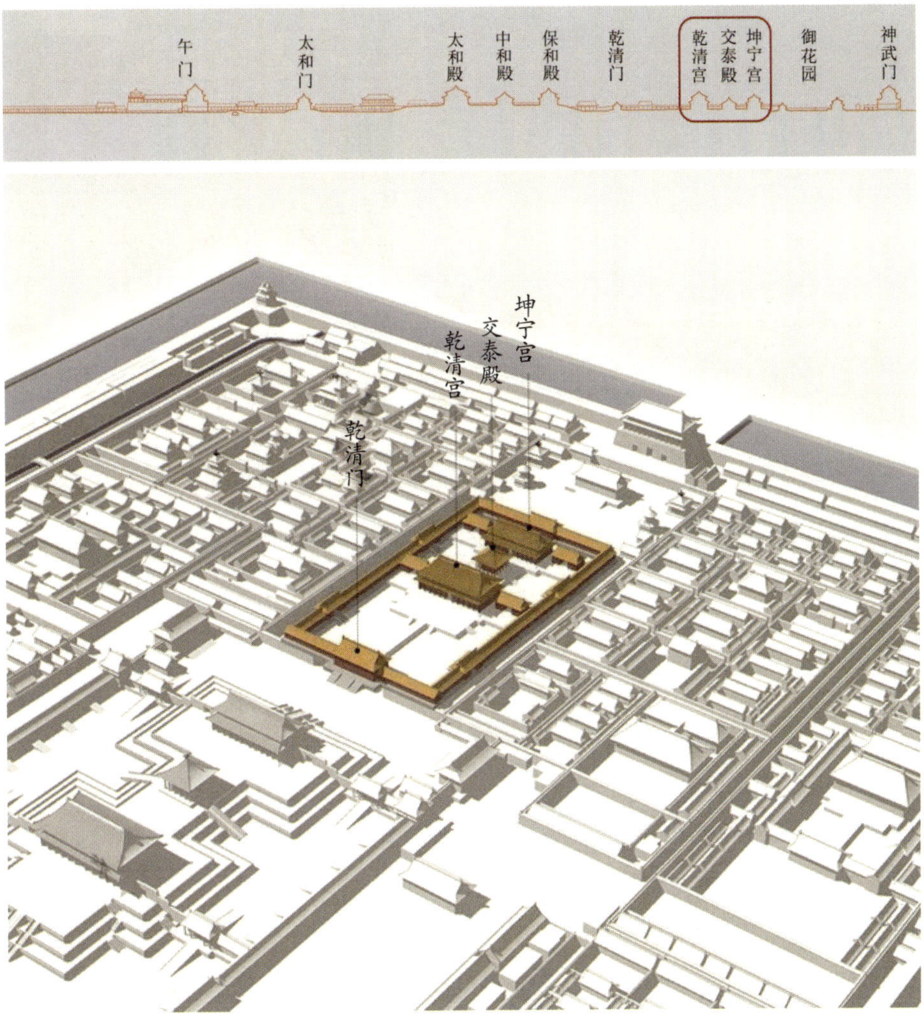

图2-24　后三宫示意图

九、乾清宫

乾清宫（图2-25），后三宫之首。建筑为黄琉璃瓦重檐庑殿顶，坐落在单层汉白玉石台基上，面阔9间，进深5间，建筑面积1400平方米，自台面至屋脊高20余米，檐角置脊兽9个，饰金龙和玺彩画。殿内设宝座，宝座上方悬“正大光明”匾。清代时，此匾背后藏有决定太子命运的“建储匣”。（图2-26）东西两梢间为暖阁，两尽间为穿堂，可通达北面的交泰殿。

乾清宫建筑规模为内廷之首，作为明代皇帝的寝宫，前后共有14位皇帝曾在此居住。由于宫殿高大，空间过敞，皇帝居住时曾分隔成数室。据记载，殿内分上下两层，共置床多张。由于室多，皇帝每晚就寝之处很少有人知道，以防不测。清代康熙以前，沿袭明制，自雍正皇帝移住养心殿以后，这里即作为皇帝召见下臣、批阅奏章、处理日常公务、举行筵席等重要场所。

图2-25　乾清宫

图2-26　乾清宫内部

十、交泰殿

交泰殿（图2-27），位于乾清宫北侧。平面为方形，进深、面阔各3间，屋顶为单檐四角攒尖顶，铜镀金宝顶，铺黄琉璃瓦，梁枋饰龙凤和玺彩画。四面明间开门。殿内顶部为盘龙衔珠藻井，地面铺金砖。殿内设宝座，上悬康熙帝御书“无为”匾。

交泰殿为皇后千秋节受庆贺礼的地方。清代，在此殿存二十五宝玺。每年正月择吉日吉时设案开封陈宝，皇帝来此拈香行礼。清世祖所立“内宫不许干预政事”的铁牌立于此殿。每年春季祀先蚕，皇后也会在此查阅采桑的用具。

图2-27　交泰殿

十一、坤宁宫

坤宁宫（图2-28），为皇后居住的正宫。位于交泰殿北侧，多次毁于火灾并重修。古代，皇后的地位跟皇帝相对，是天下女性中最尊贵的。皇帝是天，皇后就是地；皇帝是乾，皇后就是坤。坤宁宫名取自《道德经》中的“地得一以宁”，同理，乾清宫取自“天得一以清”。乾清宫代表阳性，坤宁宫代表阴性，以表示阴阳结合、天地合璧之意。

坤宁宫坐北朝南，面阔9间，进深3间，屋顶为重檐庑殿顶，铺黄琉璃瓦。明代是皇后的寝宫。清代改成东西两个部分。西半部分为萨满教祭神的主要场所，沿墙设大灶，室内安置大锅，每逢忌日，在此杀猪、做米糕、喝酒祭祀诸神。（图2-29）东半部分为皇帝结婚用洞房，设有龙凤喜床、双喜字影壁等。（图2-30）雍正以后，皇帝移住养心殿，皇后也不再住坤宁宫。

图2-28 坤宁宫

图2-29 坤宁宫西半部分

图2-30 坤宁宫东半部分

十二、御花园

御花园（图2-31）位于坤宁宫北侧。为帝王后妃休息、游赏而建，也有祭祀、颐养、藏书、读书等用途。

全园南北长80米，东西宽140米，占地面积11200平方米。园内青翠的松、柏、竹点缀着山石，形成四季常青的园林景观，建筑布局对称而不呆板，舒展而不零散。以钦安殿（图2-32）为中心，两边均衡地布置各式建筑近20座，无论是依墙而建还是亭台独立，均玲珑别致、疏密合度。园内甬路均以不同颜色的卵石精心铺砌，组成900余幅不同的图案，有人物、花卉、景物、戏剧、典故等，沿路观赏，妙趣无穷。

图2-31　御花园平面示意图

图2-32　钦安殿

十三、神武门

神武门（图2-33）是紫禁城的北门，明称玄武门。清康熙年重修时，因避康熙帝玄烨名讳，改称神武门。

门总高31米，平面矩形。基部为汉白玉石须弥座，城台开门洞三券，上建城楼。城楼面阔5间，进深1间，顶铺黄色琉璃瓦，重檐庑殿顶，四周围廊，环以汉白玉石栏杆。

神武门作为皇宫的后门，是宫内日常出入的重要门禁。帝后走中间正门，嫔妃、官吏、侍卫、太监及工匠等均由两侧的门出入。清代每三年一次选秀女，备选者经由此偏门入宫候选。

图2-33　神武门

十四、值得一提——养心殿

养心殿，明代嘉靖年建，位于内廷乾清宫西侧，是一组红墙围护的独立院落。（图2-34）康熙年间，这里曾经作为宫中造办处的作坊，专门制作宫廷御用物品。自雍正皇帝居住养心殿后，这里就一直作为清代皇帝的寝宫，乾隆年加以改造、添建，成为一组集召见群臣、处理政务、皇帝读书、学习及居住为一体的多功能建筑群，清代有8位皇帝先后居住在养心殿。

养心殿平面为“工”字形，前殿面阔3间，长36米，进深3间，宽12米。黄琉璃瓦歇山式顶。（图2-35）皇帝的宝座设在前殿正中，上悬雍正御笔“中正仁和”匾。（图2-36）前殿东侧的“东暖阁”内设宝座，西侧的西暖阁曾经是慈禧、慈安两太后垂帘听政处。西暖阁分隔多间，有皇帝看阅奏折、与大臣密谈的勤政亲贤殿，有乾隆皇帝的读书处三希堂，还有专为皇帝供佛、休息的小佛堂、梅坞。养心殿的后殿是皇帝的寝宫，共有5间，东西梢间为寝室，设有床，皇帝可随意居住。后殿两侧各有耳房5间，东5间为皇后随居之处，西5间为贵妃等人居住之处。寝宫两侧有围房十余间，房间低矮，陈设简单，是供妃嫔等人随侍时临时居住的地方。（图2-37）

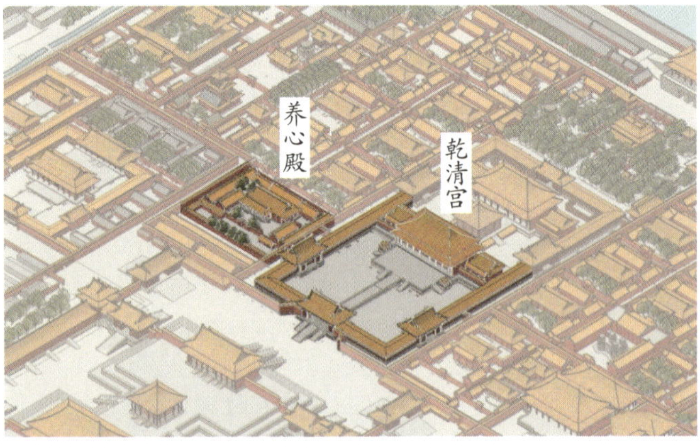

图2-34　养心殿位置示意图

图2-35　养心殿

图2-36　养心殿内部

图2-37　养心殿内部空间示意图

第三节　建筑材料

1406年，明成祖朱棣下令营建宫城。对于这样一项庞大的工程，除了要集中全国的能工巧匠，进行总体规划和建筑设计外，其次就是采集建造房屋所需的材料。

首先是木料。建造宫殿的木料不仅要求数量多，而且要求尺寸大。（图2-38）当时这类木料多从四川、湖南、湖北、江西等地深山老林中采伐。“入山一千，出山五百”，成千上万的伐木工走进深山老林砍伐木料，约有半数的伐木工命丧黄泉，他们用生命采出的木料经长江由西向东漂送到南北大运河，再经运河水路北上长途跋涉运至北京，历时长达4年。经水运的木材还需要晾晒使其干透才能存入仓库使用。

最难采集和运输的是石料。大量的台基、台阶、栏杆所需要的石料为汉白玉。汉白玉主要产地集中在河北的曲阳县一带，距离北京有400里之遥。每块石料往往重达几吨甚至几十、几百吨，在当时的技术条件下运送并非易事。聪明的工匠想出旱船滑冰的办法：在冬季严寒时节，工人在通往北京的沿路大道边上每隔一里左右凿井，取水泼路铺成一条冰道；夏季酷热时节，就在路面上铺上滚木，造成一条轮道来运石料。保和殿后的巨大汉白玉石雕刻，是北京故宫城里最大的一块石雕，重约250吨，在硕大厚重的石料上，精工雕凿的九条立龙飞腾于流云之中。（图2-39）运送这块巨石，动用了民工两万余人，沿途挖掘水井140余口，每日才能移动5里路。

除了木料、石料以外，建造宫殿用砖量十分惊人。宫城城墙和台基、庭院地面都需要多层砖铺砌，这些砖不可能都在京城附近烧制。如重要殿堂室内地面用的是一种特殊的高质量“金砖”，主要产自苏州。“金砖”外形方正，润如墨玉，品质坚硬，断之无孔，敲之出金属声。制造需要特殊的工艺，选泥晾晒一年，砖坯阴干7个月，烧制130天才能出窑，过程极其复杂。从泥土到金砖，需要长达两年的时间。为了运输这些金砖，当时朝廷规定凡是运粮船路过，必须装上一定数量的金砖，才能北上。金砖的侧面可以看到许多落款，由工匠到督造，任何一方出现问题都可追责。金砖制作工艺复杂，堪比黄金价

图2-38　太和殿内楠木巨柱

图2-39　保和殿后面的云龙石雕

格，其背后的价值，更体现了精益求精的工匠精神。（图2-40）

北京故宫建筑从备料到现场施工加在一起，前后共用了14年。反映了直至明清时期，中国的建筑业，无论在设计，还是施工组织、施工技术方面都已经达到了一个非常高的水平。

如今这座庞大的宫殿虽然已经失去了当年皇权的威势，不再具有对百姓的威慑力，但给我们展现的是一片金碧辉煌的古代建筑精品，是在各个方面都具有极高价值的中华民族瑰宝。它反映了古代工匠无比的智慧和创造力，也反映了中国古代悠久的文明。

图2-40　金砖

3

第三章

陵墓建筑

课前练习小测

1. 如果你是一位考古工作者，以下帝王陵墓你最想探究哪一个，为什么？

A. 秦始皇陵

B. 汉茂陵

C. 唐乾陵

D. 明十三陵

E. 清慈禧墓

2. 下面图中的石雕刻，你认为它的功能是什么？

A. 景观小品　B. 祈福平安　C. 驱邪镇墓　D. 娱乐拍照

中国古人始终有“事死如事生，事亡如事存”的观念，在亲人去世以后，大都隆重安葬并祭奠，以求灵魂安宁，保佑生者，逐渐形成了专用的建筑类型——墓。社会各个阶层普遍重视丧葬，尤其是帝王，更是动用大量人力、物力，精心构筑举世罕见的庞大陵墓建筑，希望自己死后依然可以在另外一个世界拥有绝对的权威。在历史演变过程中，帝王陵墓建筑逐步形成一套完整的制度，并与绘画、书法、雕刻等融合，成为反映多种艺术成就的综合体，如秦始皇陵、汉茂陵、唐乾陵等，都反映了当时建筑技术和艺术所达到的最高水平。

陵墓建筑一般分为地下建筑和地上建筑两部分：地下墓室建筑（地宫）用来安葬死者和埋藏随葬品；地上陵园用于平日供奉和祭祀，主要标志是封土（坟包），还包括献殿等其他一些附属设施。

第一节　开创帝王陵墓制度先例——秦始皇陵

说起古代陵墓，人们首先会想到西安的兵马俑，它是秦始皇陵墓中用泥土烧制而成的守陵卫队，被称为世界第八大奇迹。公元前221年，秦王嬴政打败关东六国，统一了全国，成为中国历史上第一位统一王朝的皇帝。秦始皇即位后，在咸阳大建宫室的同时，也开始了帝陵的建设。陵墓修建前后历时39年，是中国历史上规模最大、结构最奇特、内涵最丰富的帝王陵墓。

秦始皇陵主体位于陕西省西安市临潼区城东5千米骊山北麓，外观为一方锥形的夯土台。（图3-1）秦始皇陵分陵园区和丛葬区两部分。陵园区位于陵区中部，坐西朝东，仿照秦国都城咸阳的布局建造，大体呈“回”字形，有内外两重夯土城垣环绕，象征着都城的皇城和宫城。（图3-2）

秦始皇陵内部的状况，至今没有发掘，经探测分析，地宫位于封土之下。据史料记载描绘，秦陵地宫中建有各式宫殿楼阁，陈列着许多奇珍异宝。墓室穹顶上饰有宝石明珠，象征着天体星辰；地面是百川、五岳和九州的地理形势，用机械灌输了水银，象征江河大海川流不息。秦陵四周分布着大量形制不同、内涵各异的陪葬坑和墓葬，现已探明的有400多个。

20世纪70年代，考古学家发现的兵马俑，位于陵园东侧1.5千米处。兵马俑坑的面积比两个标准足球场

图3-1　秦始皇陵鸟瞰图

图3-2　秦始皇陵想象复原图

还要大，坐西向东，目前已发掘3座，呈“品”字形排列，总面积超过2万平方米，出土陶俑8000多件、战车百乘以及数万件当时实战使用的各种兵器。兵马俑坑可谓是至今发现世界最大的地下军事博物馆。（图3-3）

秦兵马俑以陶土烧制，皆仿真人、真马制成。陶俑身高1.75米到1.95米，应是按秦军将士的形象塑造，体格魁梧，他们千人千面，栩栩如生，甚至缕缕发丝，纤毫毕现，体现了秦代高超的雕塑技艺水平。陶俑又按兵种的不同分为步兵俑、骑兵俑、车兵俑、弓弩手俑、将军俑等。俑坑布局合理，结构奇特，在深5米左右的坑底，每隔3米架起一道东西向的承重墙，兵马俑排列在墙间空当的过洞中。其场面宏大，队列整齐，威风凛凛，展现了秦军的编制、武器装备和古代战争的阵法。（图3-4）

秦始皇陵墓是足以与古埃及金字塔、古希腊雕塑相媲美的人类文化的宝贵财富。1987年12月，联合国教科文组织将秦始皇陵（包括兵马俑坑）列入《世界遗产名录》。

总的说来，秦代陵墓“封土为坟”，在地宫之上用黄土层层夯筑，呈覆斗形。陵墓的上部是方形平顶，周围建城垣，背衬骊山，轮廓简洁，气象巍峨，创造出纪念性气氛。

图3-3　“秦始皇陵一号”铜车马

图3-4　兵马俑坑

第二节　陵墓建筑的发展和完善——汉茂陵

汉代建陵沿承秦制，一是在帝王登位的第二年就可以兴建自己的陵墓，二是墓室仍深埋地下，上面用土丘封顶以作陵体。

汉武帝在位54年，他的陵墓就建造了53年。茂陵位于西安市西北40千米的兴平市茂陵村，陵区由茂陵陵园、茂陵邑、陪葬墓区和修陵人墓地四大部分组成。分布在东西长约9.5千米、南北宽约7千米的广大范围内。帝陵陵园雄踞茂陵陵园中心偏东南处，坐西朝东，近似方形，四周有城墙围合，城墙正中辟

阙门。（图3-5）陵园中央为覆斗状封土，底部边长约230米，高约46.5米，墓穴压在封土之下。（图3-6）

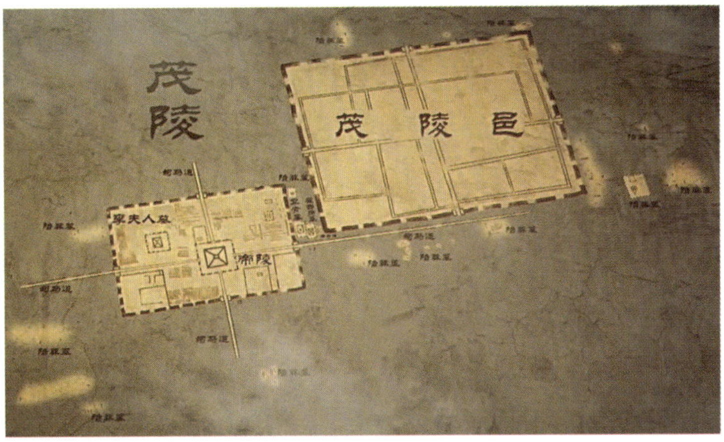

图3-5　茂陵平面图

据《晋书》记载，汉武帝用天下赋税的三分之一修建陵墓以及征集随葬品，生前享受的一切也在陵墓里重新营造。史书记载下葬时陪葬宝物超过190种，甚至有活的牛马虎豹、鱼鳖飞禽等。随葬器物多到地宫和从葬坑无法尽数收纳。

茂陵地宫的宏大更是令人瞠目。按照汉代礼制，汉武帝身着金缕玉衣，棺椁是当时贵重的梓木造的，四周堆垒层层叠叠的上好柏木，这是汉代帝王、诸侯王才享有的“黄肠题凑”，是当时最高级的葬具。

图3-6　茂陵外观

在茂陵的东边1千米处有一座霍去病墓。霍去病是西汉名将，18岁即为侍中，曾经6次出击匈奴，为汉王朝立下战功。汉武帝为他建造府邸，霍去病自称“匈奴未灭，无以为家”，谢而不受。谁知年仅23岁即战死，汉武帝非常悲痛，决定为其建造一座大墓，在茂陵之邻厚葬，以表彰他的不朽功勋。当时，在霍去病墓前，立了一系列称为“石像生”的石雕像，其目的有两个，一是显示墓主人的身份等级和地位，二是有驱邪、镇墓的含义。石雕像有脚踏匈奴的立马、前蹄腾空的跃马、长鼻的卧象、伏地的卧马等，多是根据原石自然形态，运用圆雕、浮雕、线刻等手法雕刻而成，风格浑厚深沉、粗放豪迈、简练传神。（图3-7）这也是中国历史上第一次出现这种由石雕组成的墓前神道。在神道的起端，为左右一对的石阙，作为陵墓的入口标志。石阙一般成对出现，形象有如一块石碑顶上安有木结构形式的石屋顶，阙身和阙顶上不但雕有柱、斗拱、瓦等木建筑的构件，还有人物等花纹。（图3-8）

图3-7　马踏匈奴石雕

图3-8　石阙

第三节　陵墓建筑的高度发展——乾陵

唐朝作为中国古代封建社会中期的强盛王国，在陵墓建筑上也反映了这一时期的博大之气。唐朝的皇陵在总体上继承了前代的形制，以陵体为中心，陵前有神道相引，神道两旁立“石像生”。不同的是，陵墓选用自然的山体作为陵体，代替了过去的人工封土。神道比过去更长，阙门及“石像生”更多。同时又开创了帝后合陵的形制，也就是皇后不单独起陵，与皇帝共葬一个墓穴。

唐高宗与皇后武则天合葬的乾陵是唐皇陵中最突出的代表。（图3-9）乾陵位于陕西乾县，它选用的自然地形就是乾县境内海拔1049米的梁山。梁山有三峰，其中北峰居中最高，是乾陵地宫所在，开山石辟隧道深入地下。南面两峰较低，东西对峙且形体相仿，俗称“双乳峰”，犹如天然阙门，上面各建有土阙，唐乾陵不仅“依山为陵”，还更进一步“以山为阙”。在双乳峰之间布置主要神道，神道两旁依

图3-9　唐乾陵复原图

图3-10　唐乾陵外景

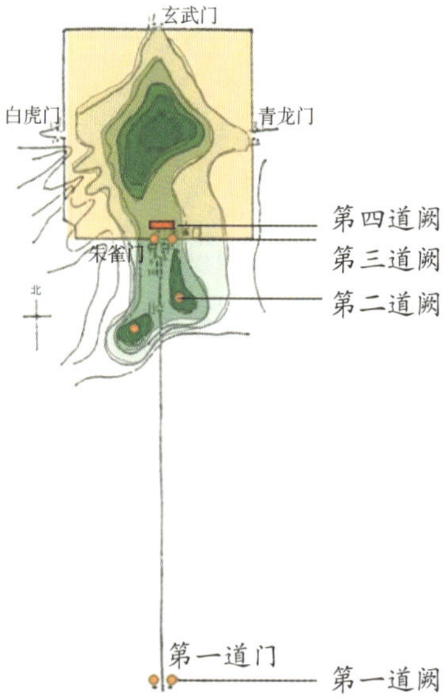

图3-11　唐乾陵阙门平面示意图

次排列着华表、飞马、朱雀各一对，石马五对，石人十对，碑一对，还有石狮、番臣石像等大型石雕共计120余件，被世人誉为“盛唐石刻艺术的露天展览馆”。

为了增强整座陵墓的气势，更将神道往南延伸，在距离双乳峰约3千米的地方安设了陵墓的第一道门阙。由南向北的神道共长4千米有余，其气魄自然是依靠人工堆砌的土丘陵体所无法比拟的。至于乾陵地宫内的情况至今未能详知。经过探测，可知隧道与墓门是用大条石层层填塞，并以铁汁浇灌石缝，坚固无比。唐高宗时恰逢唐朝盛期，朝廷好大喜功，这时期建造的乾陵地宫内想必埋藏了不少旷世奇宝，这些只有等待日后的发掘方能展示于世人面前。（图3-10、图3-11）

第四节　恢复“方上”的宋代陵墓

宋代皇陵的制度与前代不同，规定皇帝死后才可营造陵墓，并且限定在7个月内完工下葬。尽管皇陵本身的形制还是以陵台为中心，恢复“方上”的形式，四围有陵墙，四面有门，南门外设神道，道旁立石兽、石人，最前面也立双门阙，但其规模远不及汉、唐，整体气势大大消减，而且施工期短，质量也稍欠精致。

宋时期，由于手工业和商业的发展，一批地主与富商的财富大大地充裕起来，城市生活繁荣，商业和住宅建筑得到发展，这在一些地主、富商的坟墓中得到了反映。河南禹县白沙一号墓可以说是这类墓的代表。墓室分前后两部分，全部用砖筑造，前室为方形，后室为六角形。四周墓壁上用砖做出梁柱及门窗的样式，还有墓主人夫妇对饮等装饰砖雕。（图3-12）所有的构件表面均饰有五色的彩画，前室表现的是主人宴乐，后室为主人梳洗及整理财务等，做工细致，装饰华丽，十分形象地反映了墓主人生前的生活和环境。（图3-13、图3-14）

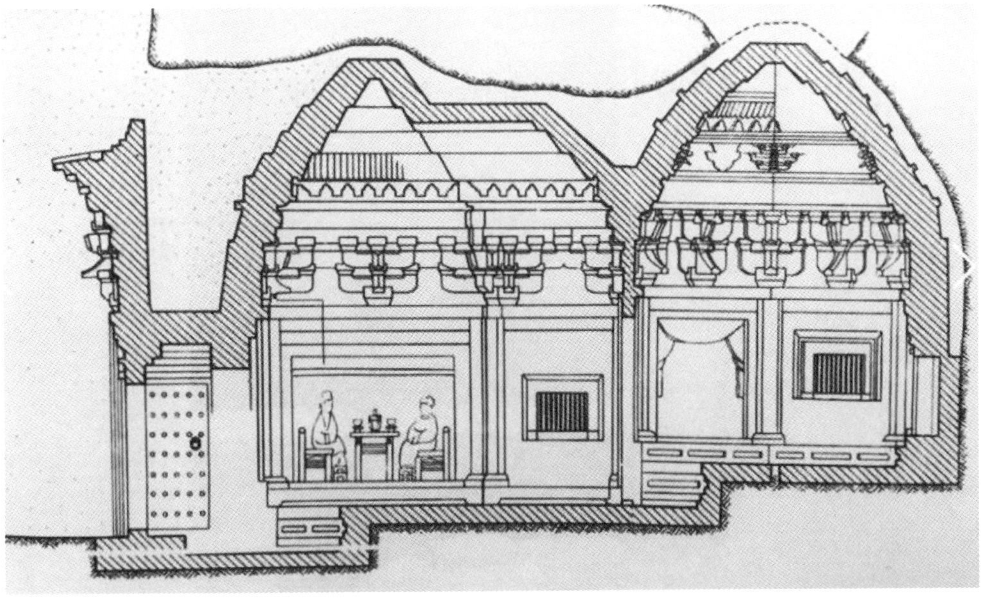

图3-12　河南禹县白沙一号墓

图3-13 前室壁画

图3-14 后室壁画

第五节 陵墓建筑的成熟——十三陵

中国陵寝制度，发展到明清时期，是一个集大成的历史总结阶段。明代陵墓在吸收前代陵墓建筑优点的基础上，进行了创新和变革。明成祖朱棣在迁都北京的同时，令下臣寻觅宝地修建皇陵。皇陵的地点最后选择在北京昌平县以北的天寿山南麓，山势环抱，地域开阔，自朱棣以后的13座明朝的皇陵，先后都在这里兴建，合用一条神道，各个陵园中采用仿照宫殿“前朝后寝”制度的院落式布局，组成中国历史上最大的一个皇陵区，统称为“明十三陵”（图3-15）。2003年明十三陵被联合国教科文组织列入《世界遗产名录》。

图3-15 明十三陵布局示意图

明十三陵地处东、西、北三面环山的小盆地之中，陵区周围群山环抱，中部为平原，陵前有河曲折蜿蜒，山清水秀，风景殊胜。神道南端左右各有小丘，如同双阙，使整个陵区具有宏伟、开阔的气势。明十三陵从选址到规划设计，都十分注重陵寝建筑与大自然山川、水流及植被的和谐统一，追求形同天造地设的完美境界，以体现“天人合一”的哲学观点。明十三陵既是一个统一的整体，各陵又自成独立单元，每座陵墓分别建于一座山前，陵墓规格大同小异。除思陵偏在西南外，其余各陵均以永乐帝的长陵为中心呈扇形分列左右。（图3-16）明十三陵主神道，长约7千米，由南往北分列着石牌坊、大红门、碑亭、“石像生”等。（图3-17）

图3-16　明长陵全景

图3-17　明十三陵主神道

各帝陵采用“宝城宝顶”的封土形式。（图3-18）在地宫上砌筑高大的圆形砖城，城墙上设垛口和女儿墙，犹如一座小城，即为宝城。砖城内填黄土夯实，使之高出城墙成一圆顶，这一圆顶即为宝顶；宝城前建有方城明楼，楼内立石碑，刻着皇帝的庙号、道号。

十三座陵园建筑格局大同小异，参照长陵制度，而尺度较小。（图3-19）采用仿照宫殿“前朝后

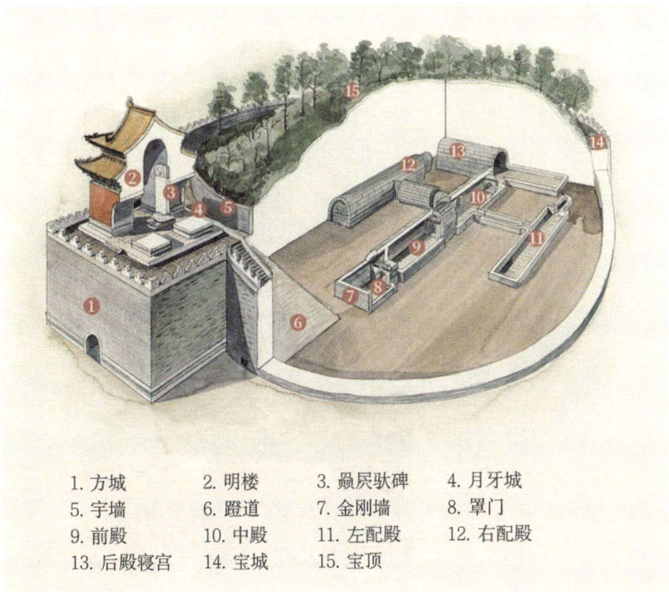

图3-18　宝城宝顶示意图

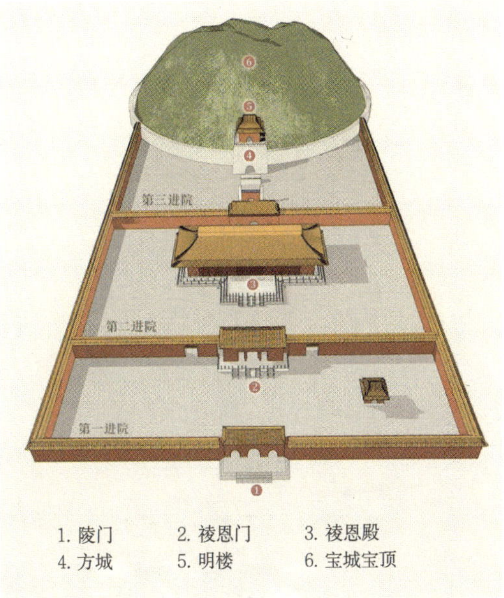

图3-19　长陵陵园示意图

寝”制度的院落式布局，陵门、祾恩门、祾恩殿、方城、明楼、宝城宝顶等主要建筑沿南北中轴线纵向分布。第一进院落用于准备祭品，第二进院落为祭祀的主体建筑，第三进院落用于摆放祭品。

各陵主殿名皆为“祾恩殿”。长陵的祾恩殿是十三座祾恩殿中最壮大宏伟的一座，规模大、等级高、用料考究，其规格可与故宫太和殿相提并论。长陵祾恩殿坐落在3层汉白玉栏杆围绕的须弥座式台基上，面阔9间，长66.56米，进深5间，宽29.12米，象征“九五之尊”。重檐庑殿顶，覆以黄色琉璃瓦。支撑殿宇的60根金丝楠木大柱，高十几米，直径均在1米左右，全部是明代原物，是世间难得的奇才佳木。（图3-20）

定陵是明代第十四位皇帝万历皇帝朱翊钧的陵墓，还葬有他的两位皇后。它是十三陵中唯一一座被发掘了的陵墓，共占地18万平方米。地宫是陵墓最重要的部分，埋于宝城下，深27米，空间虽大却并没有梁架，而是采用高大的白石做拱券顶支撑起整个地宫。地宫里共有7座重达4吨，却设计巧妙、开闭灵活的汉白玉石门，它们将地宫隔离成前、中、后、左、右5座石室，皇帝与两位皇后的棺椁安放在规模最为庞大的后殿。（图3-21）当年，定陵修建好之时，万历皇帝十分满意，便在地宫设宴，宴请群臣。他也成为中国历史上唯一一个在陵墓中举办宴会的皇帝。

图3-20　明长陵祾恩殿

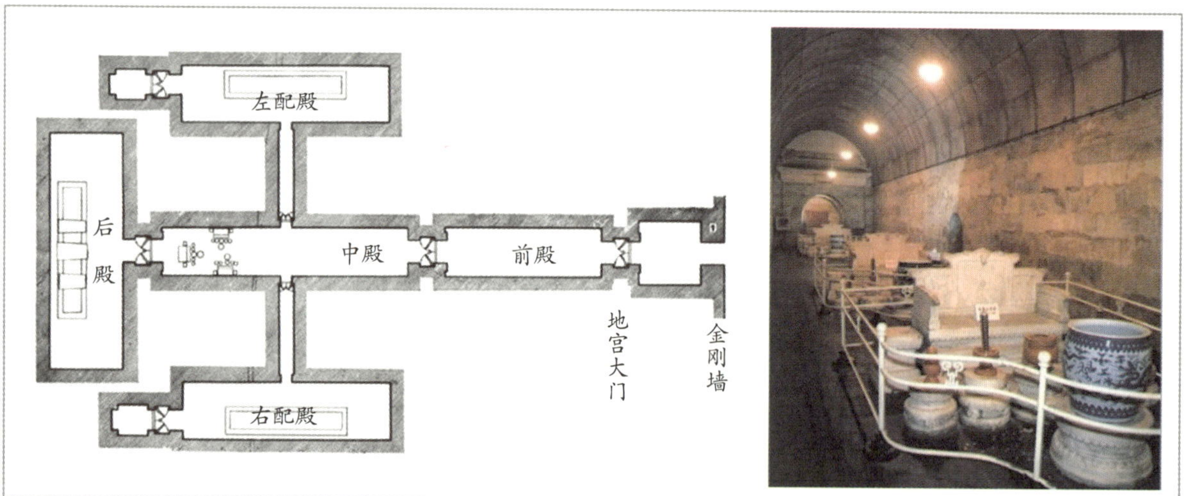

图3-21　定陵地宫

第六节　陵墓建筑的最后荣光——定东陵

清代陵墓仿照明代帝陵而建，并发展完善，使陵墓建筑达到鼎盛阶段。清入关后，陵区有两处，分别是河北遵化的东陵和距北京西100多千米的易县西陵。（图3-22）清代地宫规模较明代小，但地宫建筑装饰华丽精美。

清代规定，凡皇后死于皇帝之前，可与皇帝合葬于帝陵，而皇后死于皇帝之后，则需在帝陵附近另建后陵，其名称随帝陵名称和相对于帝陵的方位而定。如位于定陵之东的定东陵，是咸丰帝皇后慈安与慈禧的陵寝，也是清朝等级最高的皇后陵。

定东陵原已建好，但掌握朝廷大权的慈禧，在她60岁大寿时，下令将定东陵的隆恩殿拆除重建，后历时14年修建完工。

重建的隆恩殿用料考究，全部采用名贵的金丝楠木与花梨木筑成，大殿木构架、门窗隔扇、梁枋及天花板上不施彩绘全部贴金。殿内柱子上全部盘绕半立体镀金铜龙，铜上鎏金，光华四射，而且龙的胡须竟用弹簧制成，当大门开启，一阵风吹来，龙须颤动，仿佛真龙下凡。这种豪华的装修不仅在明清两代帝陵中绝无仅有，就连紫禁城内也难以见到。（图3-23）

隆恩殿围有汉白玉石栏板，为显示女人当政，所有栏板上用浮雕技法刻成“凤在前飞，龙在后追”的图案。（图3-24）栏板之间有76根望柱，望柱上的雕刻打破了一龙一凤相间排列的传统格局，在柱头上全部雕刻翔凤，而龙则雕在柱身上，里外两侧各一条，飞龙昂首向上，仰望着柱头上的翔凤，形成了

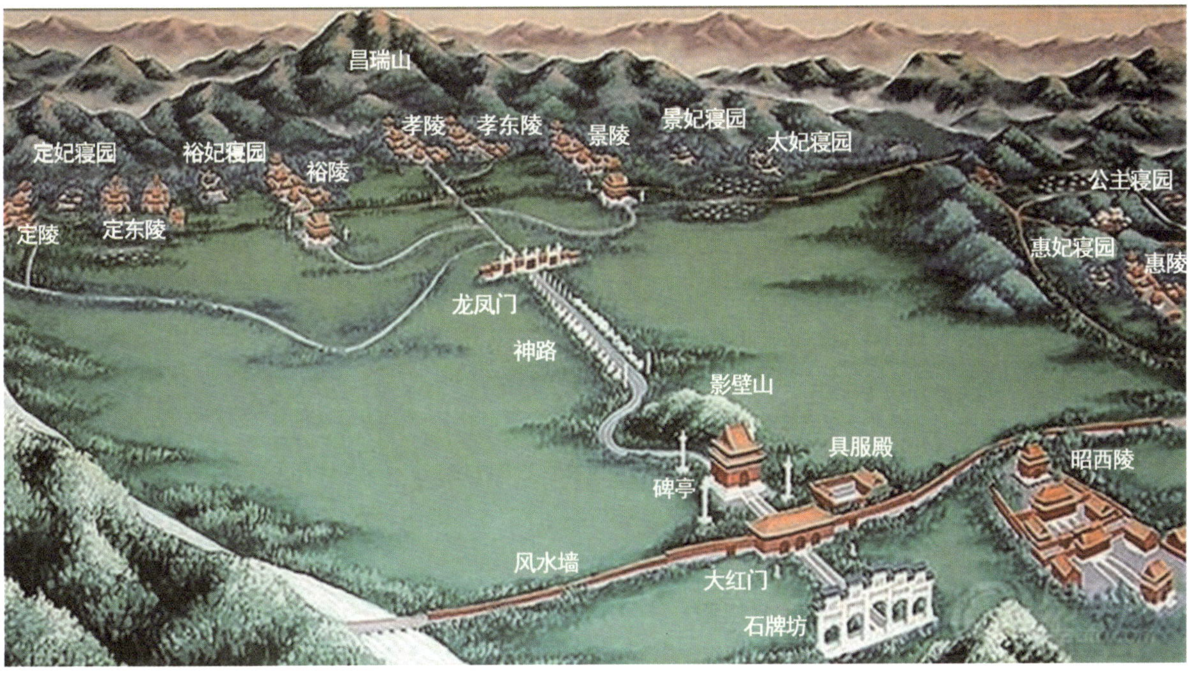

图3-22　清东陵布局示意图

"一凤压两龙"的图案，这在中国是独一无二的。殿前陛阶石是石雕中的珍品，它的构图并非传统的龙凤并排格局，而是凤在上、龙在下，雕刻技巧上采用高浮雕与透雕结合，凸显立体感和栩栩如生的凤引龙追的气势。（图3-25）

图3-23　慈禧陵隆恩殿

图3-24　石栏板

图3-25　陛阶石

4

第四章

祭祀建筑

课前练习小测

1. 你了解祭祀吗？能不能写下你所知道的祭祀活动、祭祀对象以及相关的祭祀建筑。
2. 你能区分坛、庙、祠吗？
3. 你应该见过这个建筑，请勾出它的正确名称。

A. 圜丘　B. 祈年殿　C. 天坛　D. 社稷坛

远古时期的人类，经常会遇到风暴雨雪的袭击，他们对这些来自自然界的灾害既缺乏科学的认识，也无法反抗抵御，于是对自然天地产生了恐惧与联想，同时也对冥冥上天与苍茫大地产生了崇敬与祈求感。中国进入农业经济社会后，人们主要从事农业生产，更加重了对天地自然的依赖。自然界的天气变化直接决定着农作物的丰歉，也决定着人间的饱饥。于是对自然天地的崇拜进一步得到强化，祈求风调雨顺、五谷丰登，随之而起的是产生与发展了对天、地、日、月的祭祀。总之，人类对于自然界种种现象的敬畏，相信在可见的现象后面有不可见的神明存在，发展为祭祀天地与自然神灵，同时也发展出对祖先祭祀的信仰。

因祭祀对象不同，对应的祭祀建筑也有区别。祭祀天地诸神和自然神灵多为露祭，在室外露天举行，通常在平地上建方形或圆形层台，称为“坛”，如北京天坛、地坛、日坛、月坛、社稷坛；祭祀祖宗、先贤多在室内，称为“庙”或“祠”，如太庙、孔庙、关帝庙、屈子祠、武侯祠等。它们既是宗法制度下同族人供奉和祭祀祖先的地方，也是家族议事，履行族法、家法之地。古人把“坛祭天地，庙祭祖宗”视为头等大事，皇帝也不例外。

历代帝王都自封是天地神灵的代表、真命天子，因此祭祀天地成了中国历史上每个王朝的重要政治活动，同时祭祀也成了帝王的专利。如果非帝王祭了天地，不但属于越礼行为，还无效应。因此，在历朝规划和建造都城时，都将这些祭祀场所放在重要的位置。按照礼制中关于祭祀的原则，将祭天场所放在都城的南郊，祭地场所放在北郊。因为在阴阳关系中，天属阳，地属阴；而在方位中，南属阳，北属阴。所以，一南一北，一上一下，一阳一阴，二者相互对应。另外，“祭日于东，祭月于西”。因日出于东，月生于西，阴阳长短，终始相巡。这样祭祀天、地、日、月各得其位，以达到天下之和。

第一节　祭祀天地

在对天、地、日、月的祭礼中，祭天最为隆重，所以天坛在诸祭坛中规模最大，建筑也最讲究。北京天坛是明清两朝皇帝祭天祈谷的场所，建于1420年，至今已有600多年。总面积为273万平方米，约为北京故宫面积的4倍。

天坛分为内坛、外坛，两重坛墙皆南方北圆，象征“天圆地方”。（图4-1）主要建筑物在内坛，外坛有众多的古树环绕，使主要建筑群显得更加庄严宏伟。内坛中的重要建筑处于一条南北向中轴线上，南为圜丘坛（图4-2），北为祈年殿。

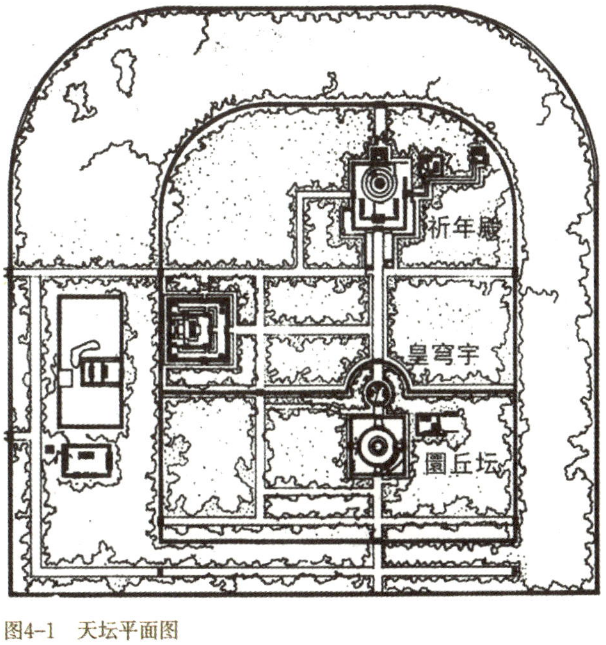

图4-1　天坛平面图

圜丘坛是冬至举行祭天大典的场所，又

被称为祭天坛。三层露天圆台，台上不建房屋，皇帝对空而祭，被称为“露祭”。坛面为艾叶青石，汉白玉栏板、栏柱，两道外方里圆的围墙象征着天圆地方。

圜丘的结构蕴含着对数字的巧妙运用，它的登坛石阶、各层台面石和石栏板的数量，都采用9和9的倍数，以应“九重天”。通过对9的反复运用，来强调天至高无上的地位。坛中心的圆形石板，叫天心石（图4-3），站在上面说话，周围即起回音，自己听起来声音很大，好似一呼百应。

圜丘坛的北侧是一组皇穹宇建筑，主殿为一圆形小殿，里面置放“皇天上帝”的神牌。（图4-4）主殿两侧有配殿，四周有院墙相围，形成一个圆形的院落。围墙用砖细工艺，做工精细，当两人站在围墙内不同地点贴墙讲话时，由于墙面的连续折射，即使两人距离很远仍可以非常清楚地听见对方讲话的声音，是天坛里著名的“回音壁”。（图4-5）

经过皇穹宇往北是祈年殿，也是中轴线的北端，皇帝每年正月在此举行祈谷大典，祈求一年风调雨顺、五谷丰登。（图4-6）祈年殿坐落于三层汉白玉石阶之上，总高38米，金顶蓝瓦，朱柱白栏，在苍郁古柏的掩映下，可谓“白玉高坛紫翠重，不是天宫似天宫”。祈年殿按照“天人合一”的思想设计，其建筑形式、布局结构、彩绘纹饰等方面都具有独特艺术风格和象征意义。

祈年殿平面为圆形，象征天圆；三层重檐覆深蓝色琉璃瓦，象征蓝天。祈年殿的内部结构是按照天象设立的，还包含了巧妙的数理设计。殿中央四根描有金花的大柱称为龙井柱，把整个大殿划分为四个开间，代表一年春、夏、秋、冬四季。围绕龙井柱，外面12根朱红色的柱子为金柱，其划分的开间代表

图4-2　圜丘坛

图4-3　天心石

图4-4　皇穹宇

图4-5　回音壁

图4-6 祈年殿外景及内部

一年的12个月。在大殿外围和门窗相连的12根柱子称为檐柱，其划分的开间代表古时候一天的12个时辰。中外两圈大柱相加共有24根，代表我国农历的二十四节气，再加上中间的4根龙井柱共有28根，象征天上的二十八宿。古人把观测到的恒星分为28组，可以通过它们的隐现和变化情况来判断季节的变化，以安排农业生产。

第二节 祭祀自然神灵

帝王祭祀社稷由来已久，《周礼·考工记》中的“左祖右社”制，反映了古代把祭社稷放在与祭祖先同样重要的位置。我国古代以农立国，社稷象征国土和政权。社，土地之主也；稷，五谷之长也。社稷坛位于紫禁城午门外南面、御道的西侧，主体建筑由拜殿、戟门和一座方形的坛组成。（图4-7）

社稷坛的设计采用了象征思想。总平面正门设在北部，象征社属阴；祭坛三层，坛面依五行方位铺成东青、西白、南赤、北黑、中黄的五色土，坛外设墙一周，墙四面各设一门，四面墙上据方位再分别

图4-7 北京社稷坛平面示意图、外景

施以与坛面上各方相同的颜色。五色之土皆由全国各地纳贡而来，以表示“普天之下，莫非王土”，帝王一统天下的威望。

第三节　祭祀祖先

太庙，是明清两代帝王祭祀祖先的宗庙，始建于1420年，位于紫禁城南向东侧，与西侧的社稷坛共同构成“左祖右社”的布局形式。

太庙总平面为矩形，由两重墙垣围合。中轴线上从南到北依次排列着外垣南门、单孔白石桥、内垣正门（戟门）、正殿、寝殿、祧庙。正殿是皇帝祭祖行礼的地方，每年在岁末大祭时，将寝殿中供奉的祖先牌位移入殿内举行隆重的祭祀仪式。大殿面阔原为九开间，乾隆年间改为十一开间，三重汉白玉须弥座台基，黄琉璃瓦重檐庑殿顶。正殿之后为寝殿，是平时供奉皇帝祖先牌位的地方。最后为祧庙，按礼制，这里供奉皇帝的远祖神位。在中轴线的两侧各有配殿，殿中存放祭祖的用具。（图4-8）

整个太庙建筑群，主次分明，错落有序，加上层层浓密的松柏林覆盖，在空间意境上营造了祭祀建筑所需要的宁静、肃穆、庄重的氛围。（图4-9）

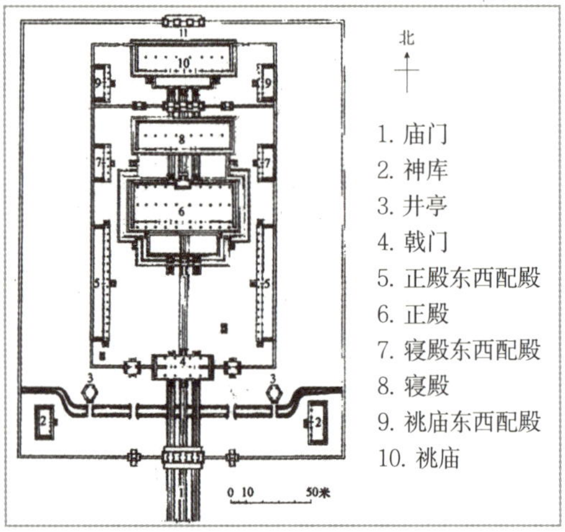

图4-8　北京太庙平面图

图4-9　北京太庙正殿外景

5

第五章

佛教建筑

课前练习小测

1. 你认为以下行为是宗教活动吗？是的打“√”，不是的打“×”。

A. 逢年过节，在自家祠堂祭祀祖宗。(　　)

B. 皇帝在天坛祭祀天地。(　　)

C. 高三同学去寺庙拜佛，求高考考个好成绩。(　　)

2. 旅游中，你常常会看到寺、庙、祠、观、庵、坛等建筑，你能把下面的建筑正确分类（对应连线）吗？

观　　寺　　院　　祠　　庵　　宫　　坛　　庙

A. 佛教建筑　　B. 道教建筑　　C. 祭祀建筑

3. 你知道石窟是用来做什么的吗？它属于哪一类建筑？

A. 景观建筑

B. 佛教建筑

C. 祭祀建筑

佛教是世界三大宗教之一，诞生于公元前6世纪至前5世纪的古印度。大约于东汉明帝时传入中国，很快受到广大百姓的信奉，也得到统治者的重视与扶持。到了魏晋南北朝时期，形成了佛教在中国传播的第一个高潮。当时三国乱世，人们寻求精神慰藉，客观上促进了佛教的发展和传播。据记载，北方以石窟造像为主，沿丝绸之路分布，洛阳一带寺庙最多。另外，“南朝四百八十寺，多少楼台烟雨中”也形容南朝寺庙之多。唐朝是佛教发展的盛期，几代帝王都崇信佛教，在各地兴建官寺。佛教建筑发展迅速，形成了较规整的中轴对称布局。随着佛教的盛行和佛寺的增多，僧尼特权扩大，势必危及朝廷的利益，所以在后期发生过禁佛事件，但是在历史上只占很短的时间，佛教仍然得到重视与发展，逐步与中国本土文化相融合形成了具有中国特色的佛教。佛寺建筑也成了中国古代建筑中很重要的一个组成部分。

佛教建筑是在中国宫室型的基础上定型化并有所发展的。开始时，佛塔与殿宇并立；继而塔在殿后；最后塔被置于寺外，或另建塔院，而殿却被放在寺庙建筑的主体位置上。如闻名遐迩的河南少林寺，佛殿是主体建筑，寺内没有佛塔。所有的塔，包括拥有200余座寺院高僧墓的塔林，都被安置在寺外。佛教建筑平面布局由以佛塔为中心的环绕式布局演变为以殿堂为主的中轴式布局，标志着佛教建筑中国化的过程。

我国的佛教建筑主要有石窟寺、寺院、塔等几种形式，不仅体现了辉煌的古代建筑艺术，同时也保留了大量的绘画、雕塑、石刻等反映历代社会生活的艺术佳作，具有极高的历史、文物和科学研究价值。

第一节　石窟建筑

石窟是开凿在山崖上的佛寺，是早期佛教建筑的一种形式，与一般佛寺的功能相同，用来拜佛、起居和禅修，因此石窟中往往都雕或塑有佛像。印度早期佛寺多用这种形式，佛教徒在山上建窟以适应当地炎热的气候。崖窟地处偏僻，环境幽静，适宜修行，而且修建石窟节约费用，坚固耐用。古代印度有“精舍”（图5-1）和“支提窟”（图5-2）两种石窟形式。精舍是僧侣用的一种石窟，构造为方形小洞，四壁开凿小窟，供僧人在龛内坐地修行居住。支提窟，开凿山洞面积较大，洞内后部中央有一座小型的舍利塔，塔前供信徒集会拜佛。

图5-1　精舍

佛教最早是沿着古丝绸之路传入的，因为丝绸之路既是一条古代

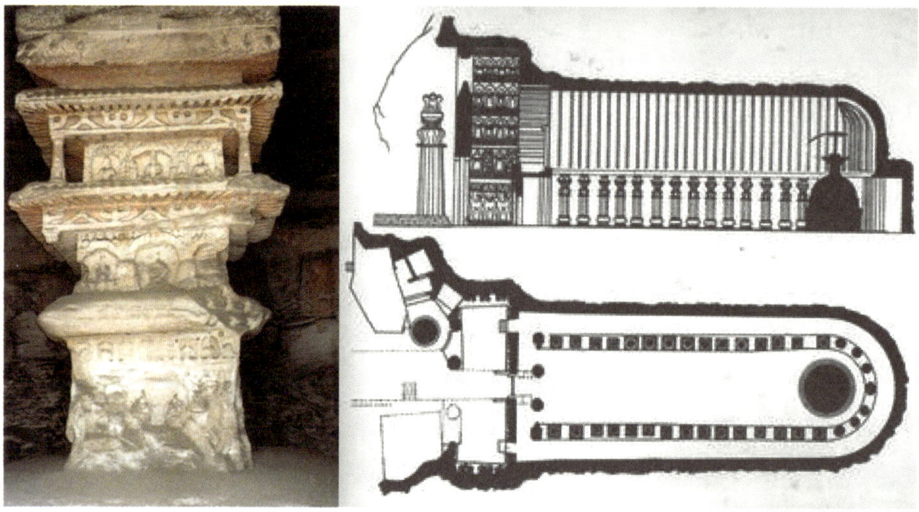

图5-2　支提窟

的贸易通道，同时也是一条文化交流之道，所以早期的石窟寺及其艺术也是随着佛教的流布出现在这条古道的沿途。著名的新疆克孜尔千佛洞，就是这个时期开凿的。窟的形状多为印度的支提窟形式，窟中央有塔柱，窟中壁画上所表现的佛像也带有明显的西域风格。

敦煌石窟是丝绸之路上的另一处早期石窟，位于甘肃省河西走廊西端，是世界上现存规模最宏大、保存最完好的佛教艺术宝库，被誉为“东方艺术明珠”。始建于前秦时期，南北长1600余米，上下共5层，最高处达50米。敦煌是中国通向西域的关口，又是丝绸之路南北道的交点，佛教随着商贸很早就传到了这里。对于往来于茫茫荒漠的商人来说，祈求佛主保佑平安的愿望更为强烈，加上有利的经济条件，使这里的石窟建造连绵不断。敦煌地区石质松软不宜雕像，因此石窟内大都是佛教内容的彩塑和壁画。现存洞窟735个，壁画4.5万余平方米，彩塑2415身，飞天塑像4000余身。莫高窟是一座融绘画、雕塑和建筑艺术于一体，以壁画为主、塑像为辅的大型石窟寺。石窟主要有中心柱窟、佛殿窟、佛坛窟、大像窟、涅槃窟等几种形式。

中心柱窟（图5-3），是指窟中有中心柱的一类洞窟，也叫塔庙窟、塔柱窟。原型是印度的支提窟，当时的主要特征是在窟中建一座佛塔，传入中国后，中心佛塔逐渐演变为中心柱。柱体四面开龛，龛内安置佛教造像，侧壁也开龛安置佛像。

中心柱窟

图5-3　中心柱窟　莫高窟第254窟

佛殿窟（图5-4），与寺院摆放佛像的佛殿相似的洞窟，平面多方形，也叫方形窟。佛殿窟中的佛像一般放在正壁或侧壁。

佛殿窟

图5-4　佛殿窟　莫高窟第285窟

佛坛窟（图5-5），窟中有佛坛的一类石窟。窟中有方形或长方形的佛坛，坛上摆佛像，四壁不再设佛像。

大像窟（图5-6），窟中雕凿或塑造高大佛像的一类石窟。给人印象最深的一类石窟，这类窟开口较大，为防雨，在窟前多建有屋檐或楼阁等。

佛坛窟

图5-5　佛坛窟　莫高窟第61窟

大像窟

图5-6　大像窟　莫高窟第130窟

涅槃窟（图5-7），窟内安置佛祖涅槃像的洞窟。平面多为横长方形。窟顶有盝顶、梯形顶、横券顶等多种式样，宏大的涅槃像在正壁的涅槃台上。

敦煌石窟历史底蕴雄浑厚重，文化内涵博大精深，艺术形象精美绝伦，不仅体现非常重要的历史文化价值，而且对于反映中华文化特征、中外文明交流融合具有重要意义。

随着佛教的传入，黄河流域也出现了很多石窟，其中有代表性的石窟有山西云冈石窟、河南洛阳龙门石窟、甘肃天水麦积山石窟等。

图5-7　涅槃窟　莫高窟第158窟

一、典型案例：云冈石窟

云冈石窟是佛教传入中国后，第一次以皇家的力量主持开凿的。在长达1000多米的崖面上，有大小洞窟200个，其中大窟45个，造像达5.1万多尊，花费近60年时间，但其影响却是千年。当时有一个名叫法果的和尚，为了弘扬佛法带头拜见皇帝，并宣称“皇帝就是当今如来”，这一思想像是不谋而合的一剂良药，促成了北魏政权与佛教的“联姻”。云冈石窟是石窟中国化的开始，堪称5世纪中国石刻艺术之冠，被誉为中国古代雕刻艺术的宝库。

云冈石窟的造像气势宏伟，内容丰富多彩，按照开凿的时间可分为早、中、晚三期，不同时期的石窟造像风格各有特色。早期石窟（图5-8）气势磅礴，具有浑厚、纯朴的西域情调。中期石窟（图5-9）则精雕细琢，显示出复杂多变、富丽堂皇的北魏时期艺术风格。晚期石窟（图5-10）规模虽小，但人物形象清瘦俊美，比例适中，是中国北方石窟艺术的榜样。云冈石窟形象地记录了印度及中亚佛教艺术向中国佛教艺术发展的历史轨迹，反映出佛教造像在中国逐渐世俗化、民族化的过程。

图5-8　云冈石窟早期石窟（昙曜五窟）

图5-9　云冈石窟中期石窟（第9～10窟）

图5-10　云冈石窟晚期石窟（第14～15窟）

二、典型案例：龙门石窟

龙门石窟位于河南省洛阳市伊河两岸的龙门山与香山上，是世界上造像最多、规模最大的石刻艺术宝库，被联合国教科文组织评为“中国石刻艺术的最高峰”。龙门石窟延续时间长，跨越朝代多，历时400余年完成。南北长1千米，今存有窟龛2345个，造像10万余尊，碑刻题记2860余块，石窟造像多为皇家贵族所建，是世界上绝无仅有的皇家石窟。

卢舍那大佛是整个龙门石窟最大的亮点，位于西山石窟的奉先寺，是按照武则天的容貌仪态塑造的。（图5-11）唐高宗初开凿，皇后武则天赞助脂粉钱两万贯。卢舍那大佛梵语意为光明普照。大佛通高17.14米，头高4米，耳朵长1.9米，造型丰满，仪表堂堂，衣纹流畅。佛像面部丰满圆润，头顶为波状形的发纹。双眉弯如新月，一双秀目微微凝视着前方。高直的鼻梁，小巧的嘴巴，露出祥和的笑容，被国外游客誉为“东方蒙娜丽莎”“世界最美雕像”。佛像双耳及肩，头部稍低，略做俯视状，宛若一位睿智而慈祥的中年妇女，令人敬而不惧。

卢舍那大佛与其左右二弟子和二菩萨、英武雄健的天王、咄咄逼人的力士一起构成了一组极富情态质感的美术群体形象。

龙门石窟的万佛洞（图5-12）因洞内南北两侧雕有整齐排列的1.5万尊小佛而得名。洞内主佛为阿弥陀佛，面相丰满圆润，两肩宽厚，端坐于仰覆莲花束腰须弥宝座上，在束腰部位雕刻了四位金刚力士，

图5-11　龙门石窟奉先寺

图5-12　龙门石窟万佛洞

那奋力向上的雄姿与主佛的沉稳形成了鲜明的对比，也更加衬托出主佛的安详。主佛背后还有52朵莲花，每朵莲花上都端坐一位供养菩萨，他们或手持莲花，或窃窃私语，神情各异。整个洞窟金碧辉煌，烘托出一种热烈欢快、万众成佛的气氛。

龙门石窟以大量的实物形象和文字资料从不同侧面反映了中国古代政治、经济、宗教、文化等多领域的发展变化。石窟中保留着大量的宗教、美术、建筑、书法、音乐、服饰、医药等方面的实物资料，因此，它是一座大型石刻艺术博物馆。

三、典型案例：天水麦积山石窟

天水麦积山石窟位于甘肃省天水市，因山状如农家堆积的麦垛，故称“麦积山”。（图5-13）麦积山石窟有近200个洞窟，几乎全建于峭壁之上，内有泥塑像、石刻像1万余身。层层叠叠的洞窟有栈道上下相联系。最上层的洞窟离地面100米，最高的栈道离地面也有70米，上下栈道共有20余段，总长达800多米。这些悬壁栈道，全都依靠插入石壁的木梁支撑，悬而又险，虽自人力，疑是神功，麦积山石窟因此又有“绝壁佛国”之称，这也许正是佛教艺术所追求的意境。

麦积山周围风景秀丽，山峦上密布着翠柏苍松、野花茂草。攀上山顶，极目远望，四面全是郁郁葱葱的青山，远景近物交织在一起，构成了一幅美丽的图景。

图5-13　天水麦积山石窟全景

第二节　寺庙建筑

在中国，占主要地位的佛教建筑不是石窟，而是大量的佛教寺庙。“寺”最初是中国古代官署的名称。东汉永平十一年（68年），西域僧人带着佛经、佛像来到洛阳，下榻鸿胪寺暂住。因传说中佛经、佛像由白马驮来，故僧院被命名为“白马寺”。后期，“寺”便成了中国佛教建筑的专称。

由于佛教的迅速传播，一时间专门的佛寺还很少，不少贵族和富人们将自己的住宅献出来当作寺院，被称为“舍宅为寺”。在这种合院式的建筑里，前厅成了供奉佛像的佛堂，后堂作为学习佛经的经堂，厢房、后院成了僧人居住生活的用房。中国传统的四合院给佛教提供了活动的场所，满足了佛事的基本要求，于是这种合院式建筑群组成了中国佛寺的基本形制。其建筑布局有一定的规律：平面规整，多方形，以殿堂为主体，一条南北纵深轴线依次贯穿着山门殿、天王殿、大雄宝殿、藏经阁。有的寺院还在前院两边建有悬挂钟、鼓的钟楼与鼓楼，对称稳重且严谨。（图5-14）中国寺庙的建筑之美就在群山、松柏、流水、殿堂的相互呼应之间，含蓄温煦，展示和谐、宁静的韵味。

图5-14　寺院建筑组成示意图

佛教寺院的大门通常称为山门，一般开有三个门洞，又称“三门”，象征“三解脱门”，即空门、无相门、无作门。佛教中有名的哼哈二将分立在山门殿内两侧，威风凛凛。两位金刚力士雄伟壮观，满脸愤怒之相。右边的力士愤颜闭唇，为发出“哼”声的“哼将”；左边的力士怒颜张口，为发出“哈”声的“哈将”。两位门神的主要区别就在这开口和闭口之间。

由山门殿往北，第一座殿是天王殿，与两旁的钟楼、鼓楼构成寺庙的第一重院落。天王殿内有弥勒佛、四大天王、韦驮菩萨。弥勒佛因和蔼慈祥、满面笑容、豁达大度、袒胸露腹的慈爱形象，常被称为笑佛、欢喜佛。代表的是生平等心，呈喜悦相。弥勒佛的两侧有四大天王护卫。弥勒佛身后大屏风背面为神将韦驮菩萨，又叫韦琨、韦驮天，为四大天王座下三十二将之首，是佛教护法神。该像为立像，两足平立，十指合掌，手中杵的位置很有讲究：如果金刚杵扛在肩上，表示这个寺庙是大的寺庙，可以招待云游到此的和尚免费吃住3天；如果金刚杵平端在手中，表示这个寺庙是中等规模寺庙，可以招待云游到此的和尚免费吃住1天；如果金刚杵拄在地上，表示这个寺庙是小寺庙，不能招待云游到此的和尚免费吃住。

在佛教寺院中，大雄宝殿是正殿，为整座寺院的核心建筑，也是寺院中最为富丽堂皇和等级最高的建筑，一般以重檐歇山顶式居多，是僧众朝暮集中修持的地方。其一般为九五开间的规制，象征帝王的“九五之尊”。殿内供奉佛祖释迦牟尼的佛像，在其两侧多塑十八罗汉，每侧各九尊。

有名的寺院大都建有藏经阁，位置在佛寺最后一个院落，常为一座两三层的阁楼，作为储藏佛经之用。典型案例有五台山佛光寺。山西五台山佛光寺位于五台县的佛光新村，距县城30千米。因佛寺历史悠久，寺内佛教文物珍贵，有“亚洲佛光”之称。佛光寺大殿于857年建成，距今已有近1200年的历史，是中国现存规模最大、建造时间排名第二早的木结构建筑。1937年6月，梁思成和夫人林徽因亲赴山西五台县对佛光寺进行了考察、测绘。它的发现打破了日本学者的断言：在中国大地上没有唐朝及其以前的木结构建筑。

佛光寺大殿位于佛光寺中轴线东高台上，为单檐庑殿顶，面阔7间，34米；进深4间，17.66米。殿内设一巨大佛坛，对着开间正中置3座主佛及胁侍菩萨，坛上还置有菩萨、力神等20余尊唐代塑像。殿前面中央5间设有板门，两处尽端开窗，其余三面围以厚墙。（图5-15）

佛光寺的唐代建筑、雕塑、壁画、题记的历史价值和艺术价值都很高，梁思成先生称其为“中国第一国宝”。如今，佛光寺外青山环抱，寺内古木参天，殿堂巍峨。这里既是佛教信徒朝拜的圣地，也是旅游者们观光的胜地。

图5-15　五台山佛光寺大殿剖视图和五台山佛光寺大殿模型

第三节　塔

塔，是佛教专门的建筑，实际上是埋葬佛骨舍利的纪念物，作为佛的象征，供信徒们顶礼膜拜，起源于古代印度。佛教的创始人释迦牟尼得道成佛，在传道路上病逝，他的弟子将他的遗体火化后，烧出许多晶莹剔透的被称为“舍利”的珠子。（图5-16）众弟子将舍利拿到各地埋入地下安奉，上面堆起一座圆形土堆，印度梵文称作“Stupa”，中文译为“窣堵坡”，后期简称为“塔”。（图5-17）

图5-16　舍利子

图5-17　印度窣堵坡

塔传入中国以后，不断被汉化，成为一种独具一格、丰富多彩的高层纪念性建筑。我国的佛塔虽然形式多种多样，但主要结构不外乎地宫、塔座、塔身、塔刹几部分（图5-18）。尤其是塔刹，更是佛塔特有的构件，它是全塔最高的部分，有砖石砌成的，也有金属浇铸的，意思是土田，代表佛国。

按材料分，佛塔有木、砖、石、铜、铁、琉璃等多种质地；从平面造型看，有方、圆、六角、八角、十二角、菱形等形状；按结构和艺术造型分，又有覆钵式、楼阁式、密檐式、亭阁式、金刚宝座式、花塔、过街塔等形式。

覆钵式塔，其造型与印度的窣堵坡基本相同。早期由尼泊尔工艺家阿尼哥传入西藏，后再流传至其他地区。例如北京妙应寺白塔。（图5-19）

楼阁式塔，是我国古塔中最普遍的一种。它是印度的窣堵坡与中国古代高层楼阁相结合的产物，其层与层之间的距离较大，每层的门、窗、柱、枋、斗拱、塔檐等都参照了木结构的形式，塔内一般都设有楼梯供登临远眺。例如山西应县木塔。（图5-20）

密檐式塔，是一种较高的多层塔。它的底层特别高大，以上每层间距很小，塔檐紧连，每层之间也无门、窗、柱子等楼层结构。这种塔大多不能登临，是南北朝时出现的一种砖塔类型。例如河南登封嵩岳寺塔。（图5-21）

亭阁式塔，其特点是塔身单层，平面呈方形、六角形、八角形或圆形，外观似亭阁建筑，但下部有台基，顶上冠以塔刹，亭阁式塔是高僧墓塔的主要形式。例如山西佛光寺祖师塔。（图5-22）

金刚宝座式塔，是在一个高台上建有5座小塔，供奉金刚界五佛并象征须弥山五行，塔座和5座小塔的须弥座上布满了狮、象、马、金翅鸟王和孔雀等5种动物。例如北京碧云寺金刚宝座塔。（图5-23）

花塔，是由楼阁式塔和亭阁式塔变化而来，其上部装饰着巨大的莲瓣或是密布的佛龛，以及雕刻或塑出狮、象、蛙等动物形象和其他装饰，远望恰如一束巨花，华丽无比，故称为花塔。例如河北正定广惠寺花塔。（图5-24）

过街塔，是元代开始发展起来的，一般位于街道或路上。由于元代大兴喇嘛教，所以过街塔大多为窣堵坡式。过街塔在造型上结合了古代城关建筑的特点，下面建成门洞式。按佛教教义所说，行人从塔下经过，就是向佛礼拜。例如江苏镇江西津古渡昭关塔。（图5-25）

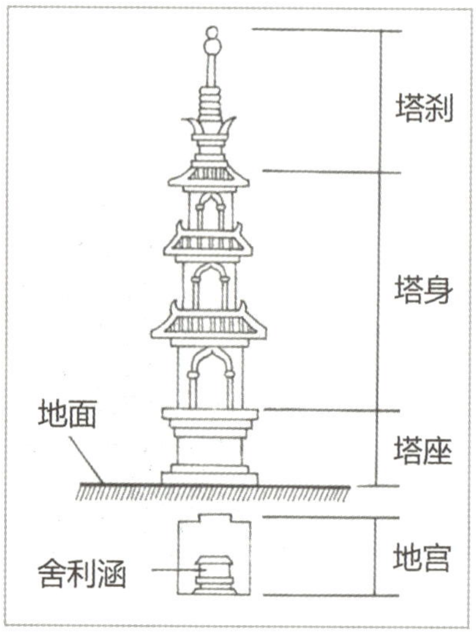

图5-18　塔的构造示意图

图5-19　北京妙应寺白塔

图5-20　山西应县木塔

图5-21　河南登封嵩岳寺塔

图5-22　山西佛光寺祖师塔

图5-23　北京碧云寺金刚宝座塔

图5-24　河北正定广惠寺花塔

图5-25　江苏镇江西津古渡昭关塔

6

第六章

园林建筑

课前练习小测

1. 你认为下面哪张图可以称得上是园林，为什么？

A

B

C

D

2. 看图比较，找出中西方园林的不同之处。

中国园林

西方园林

什么是园林？园林是经过人类加工或者创造的自然环境。它的形式有很多，大到一座皇家园林，小到一户私家花园，甚至是住宅里的一角，几块山石，间种花草树木，即可成园林小景。

中国园林起源很早，据文献记载，商代就有了苑。苑是人工选择的一块山林地，在里面放养一些野生动物供帝王行猎作乐。苑内基本没有建筑，只有用土筑成的高台，可以在上面瞭望、观察。西周的时候，苑被称为囿，规模大到方圆70里，囿中蓄养各种禽兽和鱼类，挖池沼、筑高台，开始兴建宫室以供帝王使用。如图6-1中的《乾隆帝行猎图》《敦煌壁画狩猎图》。

乾隆帝行猎图（郎世宁　绘）

敦煌壁画狩猎图

图6-1　苑、囿——猎场

秦汉时期，苑囿有了新的发展。秦时期，园林建宫苑，粗具现代园林的雏形，通过建筑与山水相接，有意识地将园林与生活相结合。汉朝开始扩大建园的规模，建造了上林苑，园内既有优美的自然景物，又有华美的宫室组群，蓄养百兽，栽各种花木，上林苑已经成为专供帝王娱乐休憩用的园林。（图6-2）

上林图（明　仇英）

汉苑图（元　李容瑾）

图6-2　上林苑

魏晋南北朝时期，因战事纷争，士官文人纷纷隐逸江湖，寄情于山水，一时间有关山水的诗、画、散文盛行。（图6-3）为了创造一片与尘世隔绝的山水胜地，文人志士开始在自己居所周围营造起具有自然山水之美的小环境，兴起一股文人追求自然情趣的山水园林之风。以帝王狩猎为主的苑囿也开始向山水园林转化，皇家园林、私家园林同时发展。魏晋南北朝成为中国山水园林的奠基时期。

唐宋时期是山水园林全面发展阶段。这一时期政治相对稳定，经济发展，诗文、绘画、工艺都呈现繁荣景象，建筑得到大规模发展。园林的营建注重游乐和赏景的需求，既有宫殿亭阁，又有叠石造山，凿池引泉，高低错落，别出胜景。布局关系趋于融洽，使之形成优美的环境，发挥了休憩、游赏，甚至宴乐的功能。（图6-4）

明清时期是中国古典园林的全盛时期。园林功能全、形式多并且艺术化。皇家园林和私家园林的数量、规模都大大超越前代，如今我们见到的皇家园林与私家园林，绝大部分都是这一时期建造的。

中国古典园林的分类方式很多，按照使用者身份可分为皇家园林、私家园林。根据地域可分为北方园林和南方园林。

图6-3　曲水流觞的兰亭　清　佚名《兰亭雅集图》（局部）

图6-4　金明池争标图　北宋　张择端

第一节 皇家园林

皇家园林是专供帝王和皇族休息享乐的园林，规模宏大，为追求皇家气派，真山真水较多，园中建筑富丽堂皇，体量高大。著名的皇家园林有圆明园、颐和园、承德避暑山庄。

一、典型案例：圆明园

圆明园始建于康熙朝，完成于乾隆年间，是清朝帝王在150余年间创建和经营的一座大型皇家宫苑，由圆明、长春、万春三园组成。圆明园，曾以其宏大的地域规模、杰出的营造技艺、精美的建筑景群、丰富的文化收藏和博大精深的民族文化内涵而享誉于世，被誉为“一切造园艺术的典范”。

圆明园坐落在北京西郊海淀区，那里原为一片平地，既无山丘，又无水面，但是地下水源很丰富，挖地三尺即可见水，为建造园林提供了良好的条件。圆明园也正是利用这样的条件形成了以水为主，平地造园的特点。（图6-5）

图6-5 圆明园遗址公园平面图

圆明园的造景多以水为主题，园内大小水面占全园面积的一半。圆明园后湖景区，环绕湖水构筑9个小岛，是全国疆域“九州”的象征。各个岛上建置的小园或风景群，既各有特色，又彼此相借成景。西部的万方安和，房屋建于湖中，形作“卍”，冬暖夏凉，雍正皇帝特别喜欢在此居住。圆明园中最大的水面为福海，东西、南北各宽五六百米，湖中用嶙峋巨石堆砌成大小三岛，象征传说中的蓬莱、瀛洲、方丈“三仙山”，岛上建有殿阁台榭，景色秀丽，是圆明园的水上娱乐中心。园中曲折迂回的小溪如同流动的纽带，将圆明园中大小水面联结为一个完整水系。这些水面统一都是由平地挖出，挖出的土就近堆山，所以湖多山也多。

圆明园中的建筑样式丰富。圆明园集殿堂、楼阁、亭台、轩榭、馆斋、廊庑等多种类型于一体，加起来比故宫的全部建筑面积还大。园内的建筑物，既吸取了历代宫殿式建筑的优点，又在平面、外观、组合等多方面进行突破，创造出许多极为罕见的建筑形式。建筑平面有“田”字形、扇面形、圆镜形、“工”字形、书卷形等，亭子有四角、六角、八角、“十”字形等，廊子也有直廊、曲廊、爬山廊、高低跌落廊。除了传统的木结构建筑，乾隆时期还在长春园的北部集中建造了一批西洋形式的石头建筑。巴洛克风格的建筑、修剪整齐的欧洲式园林、十二生肖兽首的喷泉，第一次集中出现在中国，形成了山水环抱、意趣各不相同的风景群。

圆明园还有一个亮点就是园中有园。圆明园建成之后，其东面和南面又先后兴建了两座附园，即长春园和万春园。圆明、长春、万春三园相对独立又互相连通，总体上以圆明园为主，因此一般统称为“圆明三园”或“圆明园”。园内没有一个特别突出的标志性中心，只有一组又一组的小型园林，100余处园中园和风景建筑群景，布局因景随势，千姿百态，环环相套，形成了丰富多彩、自然和谐的整体美，西方也把这座园林称为“万园之园”。（图6-6）

二、典型案例：清漪园（颐和园）

乾隆九年（1744年），圆明园工程完成，乾隆皇帝写了一篇《圆明园后记》，夸耀这座园林规模宏伟，景色绮丽，无以逾此。同时告诫后世子孙不要再花费财力和物力修建新的园林。时隔不久，他却自食其言。原来，乾隆皇帝6次下江南饱览山水胜景后总感觉圆明园虽好，但是毕竟是平地造园有水无山，稍有缺憾。在圆明园与玉泉山之间有一地，既有山又有水，就是瓮山与山南面的瓮山泊。乾隆看中了这块风水宝地，1750年，借助庆贺母亲皇太后六十大寿和整治京城西北郊水系的双重名义开始了新园林的建造。

清漪园的建造从湖面开始，扩大后的水体约占园林四分之三；在山上、山下建造了大量的建筑，点景建筑物百余座、大小院落20余处、古建筑3000余间。形成水围山、山临水的态势，瓮山和瓮山泊也改名为万寿山与昆明湖。清漪园集传统造园艺术之大成，既饱含中国皇家园林的恢宏富丽气势，又充满自然之趣，高度体现了“虽由人作，宛自天开”的造园准则。（图6-7）

清漪园总体上分为3个景区。第一个景区为政治活动区，位于全园的东部。仁寿殿是皇帝从事内政、外交活动的主要场所。同时还有以乐寿堂、玉澜堂等庭院为代表的生活区及各种服务性建筑。布局与宫殿建筑一样，采取前朝后寝的模式。

第二个景区为前山、前湖区，是清漪园最主要的景区。万寿山坐北朝南，山南面的中轴线上有一组建筑群，由山脚到山顶，有序安排在山坡上。其中最高的一处为金碧辉煌的佛香阁，琉璃瓦顶，油漆彩画，为全园的标志和风景中心。（图6-8）万寿山南山脚下，沿着昆明湖畔，造有一条长达728米的长廊，由东至西，贯穿整个前山区，廊内梁架上画满了山水风景、神话故事等不同内容与题材的彩画，

图6-6　圆明园内美景复原图

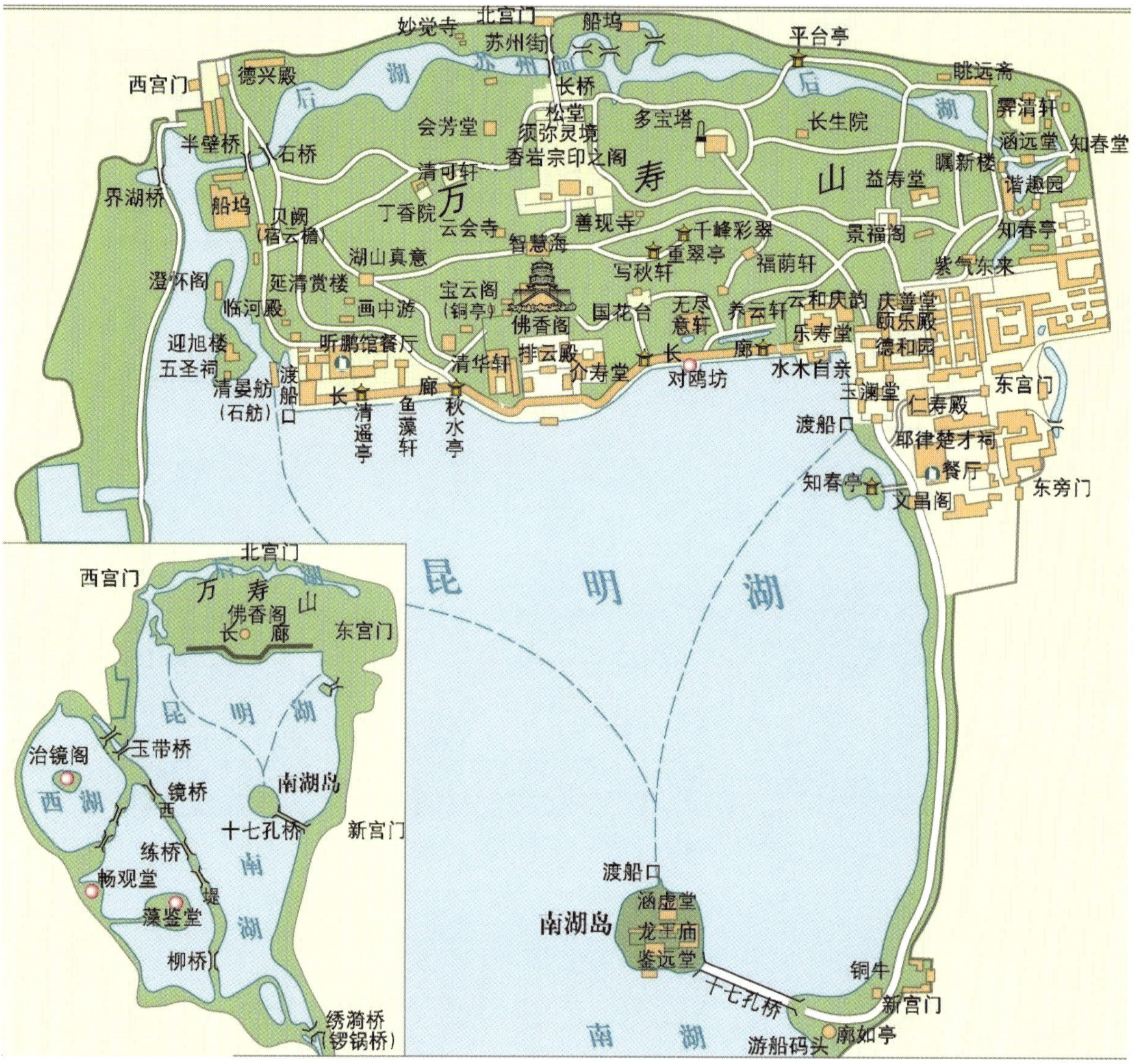

图6-7 颐和园平面图

漫步在这条绚丽多彩的长廊中，既可欣赏湖光美景又可眺望山上多组建筑。

万寿山南侧的昆明湖被分隔成大小3个湖面，其中有龙王庙、藻鉴堂、治镜阁3个小岛，象征东海的蓬莱、方丈和瀛洲3座仙山神岛。长堤上有6座桥，有四角形、六角形、八角形的桥亭，形态互异，丰富了湖上的景色。其中，宏大的十七孔桥如长虹偃月倒映在烟波浩渺的昆明湖中。（图6-9）

第三个景区是后山后湖景区。万寿山北侧建有一组藏传佛寺须弥灵境，这是清朝为表示与西藏民族团结和睦而建造的。后湖湖面虽不如昆明湖有气势，但是设计却很巧妙。昆明湖的水通过一条狭长的水道被引入后山，在溪水的中段模仿苏州城水街建造了一条买卖街，两岸建成店铺，富有江南镇埠风韵。（图6-10）最东侧的谐趣园曲水复廊，独立成区，是仿无锡惠山寄畅园而建的南方风格的园林。（图6-11）

清漪园的前山前湖区与后山后湖区相比，前者开阔，气势恢宏；后者收敛，幽静深邃。二者既有对比，又互有联系，使这座皇家园林更多姿多彩。1860年，清漪园被英法联军焚毁。1888年，慈禧挪用海

图6-8 万寿山的佛香阁

图6-9 十七孔桥

图6-10 后湖买卖街

图6-11 谐趣园

军经费500万余两白银和其他款项重建，将清漪园改名为颐和园。经过历史的沧桑，颐和园作为古代留存下来较完整的皇家园林之一，1988年被联合国教科文组织列入《世界遗产名录》。

三、典型案例：河北承德避暑山庄

河北承德避暑山庄又名承德离宫或热河行宫，是清朝最大的一座大型皇家园林，是用于皇帝避暑消夏和处理朝政的离宫别苑。位于河北省承德市北部，距离北京230千米，历经清朝康熙、雍正、乾隆三代皇帝，耗时约90年建成。与北京紫禁城相比，避暑山庄以朴素淡雅的山村野趣为格调，取自然山水之本色，吸收江南塞北之风光。冬季，园林有山岳遮挡塞外寒风，气温比市内略高；夏季有浓密树木与众多的湖泊水面调剂，气候凉爽。它属于我国自然山水园林当中的一个典范，享有“中国地理形貌之缩影”的盛誉。（图6-12）

图6-12　承德避暑山庄及周围寺庙全景图

避暑山庄的建筑布局大体可分为宫殿区和苑景区两大部分，苑景区又可分成湖泊区（图6-13）、平原区（图6-14）和山林区（图6-15）三部分。园内有康熙、乾隆钦定的72景，拥有殿、堂、楼、馆、亭、榭、阁、轩、斋、寺等建筑百余处。它最大的特色是山中有园，园中有山。湖泊区有著名的如意洲、烟雨楼，水景与植物的配置，营造出浓郁的江南水乡情调。平原区有大片如茵草地，其间散布着蒙古包。平原上既可观水景，也可在草原上野宴，还可以观彩灯，看摔跤、马术表演，自有一番欢娱盛况。山林区气势浑厚，郁郁葱葱的树林间散布着寺庙建筑与廊亭，均可登高观景。

避暑山庄兴建后，清帝每年都花大量时间在此处理军政要事，接见外国使节和边疆少数民族政教首领。承德避暑山庄既具有南方小桥流水的静谧细腻风格，又有北方建筑深厚雄奇的古朴幽深，成为南北建筑艺术完美结合的典范。

图6-13　湖泊区

图6-14　平原区

图6-15　山林区

第二节　私家园林

中国古代园林，还有一类隶属富商、地主等私人所有的园林，规模较小，追求以小见大的意境，称为私家园林。

私家园林的开端是在魏晋南北朝时期，文人墨客隐逸江湖，唐宋是发展盛期，到了明清，在北京的王府和富有的官宅中多附有园林。就全国范围而言，私家园林最发达的是在南方地区。

私家园林为什么多集中在南方？主要因为南方地区具有造园所需要的自然、经济与人文等多方面的条件。建造园林需要山水，江南河网密布，水源十分丰富。而且南方气候温和，没有寒冷结冰的冬天，空气湿润，适宜常青树木的生长，花卉品种也多。另外，造园需要花费大量的钱财，江浙一带乃鱼米之乡，商业经济的发展，给造园提供了物质条件。再者，园林是一种文化建设，需要具备人文条件。江南自古文风盛行，明清两朝科举为仕者很多，待到告老还乡后多购置田地，安居一方。文人多懂书画好文雅，亲自参与园林的设计，在造园的数量与质量上都达到一个高峰，使江南一带成为私家园林的集中地区。（图6-16）

私家园林究竟有哪些特点，应该怎样欣赏呢？

一看微缩山水。私家园林善于仿造自然山水形象。山与水是自然风景园林的灵魂，有山则灵，有水则活。环境上对山水做出正确的概括和提炼，捕捉精髓，才能在园林中再现它们的典型形象。例如堆山，无论用土还是用石，最忌两峰并列或诸峰列如笔架的呆板样式，而是要依园林景观要求而定，有主有次，有高有低。堆山用土，可在山上种植花木，使山体葱绿美观，还要在土间散置块石，如同从土中长出来的一样。若以石堆山，可在石间积土，种植少量花树，使其具有自然生气。（图6-17）再看理水，私家园林不可能有皇家园林那样宽大的水面，一般为人工挖凿而成。人造水池切忌规整方正，以曲折自然为好。水面较大宜用小桥分割为多个大小不一的水域，以增加水景的层次。水池尽头多变为细小水湾，造成水有源而无头的假象。为了增加情趣，水中宜种植莲荷等水生植物，不可满植，应疏落有致，以免影响观看建筑在水中的倒影。池岸曲折，驳岸叠石应有高有低，立在高处可观看四周景色，于

图6-16 江南园林（网师园）

图6-17 园中假山叠砌

低处则可嬉水作乐。

二看四时花木。园内的花木植被要考虑配置，四季可观四景，春迎柳绿，夏观翠荷，秋赏红枫，冬寻蜡梅，保证园内各季有花有景。（图6-18）同时还要讲究味香，最好自然淡雅、清香幽然。树干、树冠的形态要人工精心修裁以保持与周围建筑、山石、水池匹配协调。

另外，园林内的植物选取也追求意境的营造。通过有形的艺术形象去表现一种思想、一种情感，这就是无形的意境。强劲刚健的苍松、挺拔有节的翠竹、凌寒绽放的蜡梅，它们都不惧严寒，独傲霜雪，称为"岁寒三友"，具备孤直人格典范，三者是园林植物选择中的高品。宋代苏轼最爱竹子，在他的诗中提道："可使食无肉，不可居无竹。无肉令人瘦，无竹令人俗。"水中的荷莲也常用，出淤泥而不染，质脆而能穿坚的生态特征蕴含着深刻的人生哲理。（图6-19）

三看亭台楼阁。私家园林中建筑类型多样，有待客的厅、堂，有读书、作画的楼、轩，有临水的榭、舫，还有大量的亭、廊、桥。仅亭子就有方亭、长方亭、圆亭、五角亭、六角亭、"十"字亭、扇

图6-18　四时花木

图6-19　富有意境的花木

面亭等不同的形式。有的是观景的绝佳点，有的本身即为一景。建筑中的厅、堂、馆、楼虽形态各具特征，但它们的装饰却保持着同一种风格，不用绚丽的色彩，多用黑色的板瓦、褐色的梁架、粉白的墙和灰色的砖，素雅的色调使建筑与山水、植物、环境紧紧地融为一体。（图6-20）

房屋建筑与院墙上的门形式多样，有长方门、圆洞门、八角门、梅花门、如意形和多种瓶形门，宽敞的洞门有取景功能。（图6-21）窗子除普通形状之外，还有带花纹的玻璃花窗、带花格的漏窗和中间透空的空窗。不同形式的窗子，远看如白纸上画的花，近看做工相当细致考究，工艺美观、轮廓分明、形象清晰，反映了江南工匠的高超技艺，是私家园林的精华之笔。

图6-20　白墙黑瓦，开窗各异

图6-21　框景门洞多样

四看楹联匾额。中国园林的诗情画意除了用景观空间来表达外，还常常依靠悬挂在建筑上的楹联、匾额来点明，通过附在建筑上的诗词、书画来渲染。在苏州拙政园内有一塘池水，池边建有一亭阁，借鉴唐代诗人李商隐的诗句“留得残荷听雨声”，取名为“留听阁”。（图6-22）另外还有一个临水的扇面形小亭子，每当夜深人静，清风徐来，波光粼粼的水中明月倒映，格外宁静清幽。小亭采用诗人苏轼词“与谁同坐，明月清风我”，取名为“与谁同坐轩”，点明了此景的意境。（图6-23）

图6-22　留听阁

图6-23　与谁同坐轩

中国古典园林在长期的实践中，涌现出大批的能工巧匠，其中最有代表性的就是明代的计成，他是江南一带远近闻名的造园家，52岁时写了一本造园专著《园冶》。书中从园林的选址到建筑的种类、样式，从堆山选石到绿植景观都做了详细的论述，可以说是一部对中国造园经验做出系统总结的著作。

由人创造的环境，看上去如同天工开辟的自然界一样，就是计成从实践中总结出来的。“虽由人作，宛自天开”，是中国古代自然山水园林的造园精髓。

7

第七章

民居建筑

课前练习小测

1. 如果回到原始社会，你会怎样解决住的问题？

2. 你知道“下”厨房、“上”厕所这两个方位词是怎么来的吗？

3. 优秀国产动画片《大鱼海棠》《花木兰》都是以同一个传统民居作为故事发生地的，你知道是哪里吗？

《大鱼海棠》剧照

《花木兰》剧照

原始社会时期，先民们为了抵御猛兽飞禽、风霜雨雪，居住方式主要有两种：穴居和巢居。穴居多见于北方，巢居多在南方，许多考古发掘都证明了这一点。

我国北方气候干燥，土层较厚，细密的黄土挖起来很方便。于是，祖先用挖坑的方法盖房子，这就是“穴居”。起初，人们模仿天然地洞来挖坑、搭棚。后来，挖的坑很浅，房屋搭出了地面。最后，不再挖坑，而是将房子盖在有地台的地面上。（图7-1）而南方潮湿多雨，先人为了防水、躲避野兽，最早是在树上搭房居住，这就是“巢居”。最初的木巢，是在一棵树上，后来是多木巢，即在相邻的四棵树上搭建房子之后发展成干栏式，即砍树、立柱利用地势建造。从找树搭房到砍树盖房，反映了先人建造居住建筑的技术在不断进步。（图7-2）

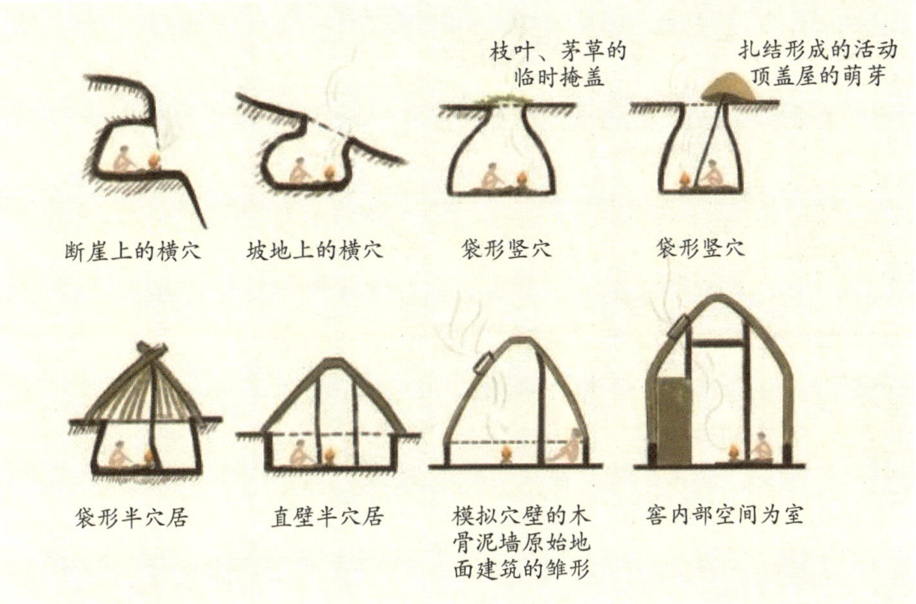

图7-1　原始穴居演变图

图7-2　原始巢居演变图

中国古代建筑似乎没有一种类型的房屋是完全和居住无关的，而且任何一类建筑似乎都是由住宅发展而成。宫是皇帝居住的大住宅；庙是僧侣们居住的地方；官衙是主管官员的住所；商铺也是“前铺后居”，称得上是商人们的居处。因此，研究传统民居，对了解中国古代建筑具有一定的参考意义。

我国是一个多民族国家，幅员辽阔，因地理、气候、文化、社会环境的不同而形成各种地方特色，中国传统民居的类型亦呈现出极其丰富的多样性。1986年4月，我国原邮电部发行了民居主题邮票，共计4套21枚，展示了21个省市的民间建筑。（图7-3）有水乡式的江苏民居、四合院式的北京民居、石库门式的上海民居、竹楼式的云南民居、窑洞式的陕北民居、360度圆盘式的福建民居、层峦叠嶂山城式的四川民居等。画面把各地民居刻画得惟妙惟肖，令人如身临其境，浮想联翩。本章节主要介绍中国五大特色民居。

图7-3　21枚民居主题邮票

第一节　北京四合院

中国古代建筑多采用群体组合形式，其中庭院是建筑的核心，由房屋、围墙、走廊围合而成的内向性封闭空间，有利于营造内部宁静、安全的生活环境，而且房屋组合灵活可以构建出丰富的居住空间。从汉代画像砖，到唐代敦煌壁画，再到宋代绘画，可以看到合院式建筑已经遍布大江南北。（图7-4至图7-6）其中以北京四合院水平最高，也最为典型，是我国北方地区的主要民居类型，成为北京住宅的代名词。用法极为灵活，往大了扩展，就是皇宫、王府；往小了缩减，就是平民百姓的住宅。

所谓四合院，“四”指东、西、南、北四面，“合”即四面房屋围在一起，形成一个“口”字形的内院式结构。四合院的围墙和临街的房屋一般不对外开窗，院中的环境封闭而幽静。北京四合院一般坐北朝南，一户一宅，一宅有几个院。普通百姓之家，只有四边房屋围合成院。（图7-7）如果家庭人口众多，几座标准的四合院会纵向或横向串联组合成大型的四合院住宅，由“进”“跨”来区分，“进”是南北方向院子的个数，进几个院子就称为几进院。（图7-8）“口”字形为一进院落，“日”字形为二进院落（图7-9），“目”字形为三进院落。其中，三进院落的四合院是明清时期最标准的四合院，建筑结构布局最为合理紧凑。“跨”是东西方向院子的个数，正院往西称为“西跨院”，往东称为“东跨院”。

以三进四合院布局为例，院落大门开在东南角，在风水上属于吉位。实际上，宅门不设在中轴线上有利于保持民居的私密性，并能增加空间的变化。进门即为前院，第一排房子为倒座，内院与外院间有一扇二门，称“垂花门”。进门即为住宅内院，内院正面为正房，左右带耳房；内院左右两边为东西厢

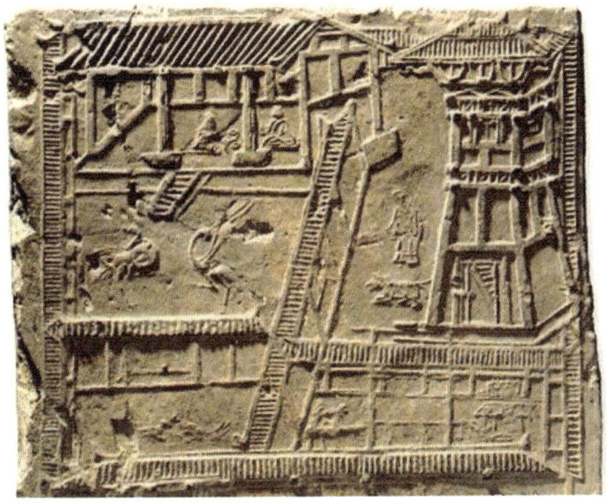

图7-4　汉代画像砖中的庭院

图7-5　唐代敦煌壁画中的庭院

图7-6　宋代绘画中的庭院

图7-7　一进四合院

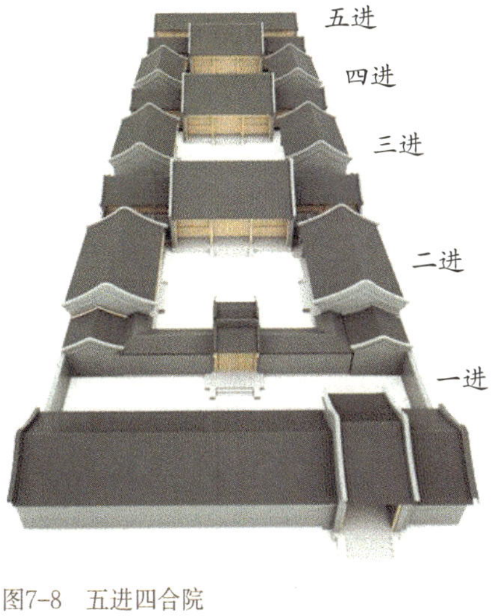

图7-8　五进四合院

房，正房的后面一排是后罩房，或做居室，或为杂屋。内院四周有围廊相连，可便于雨天和炎热的夏季行走。四合院的院落布局体现了中国传统的伦理秩序和等级制度。（图7-10）

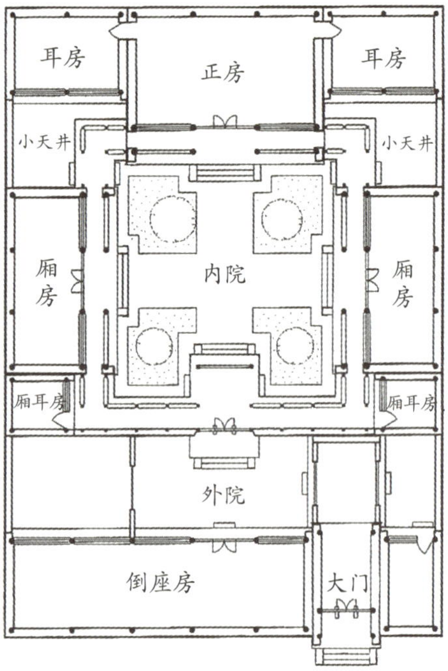

图7-9　二进四合院平面图

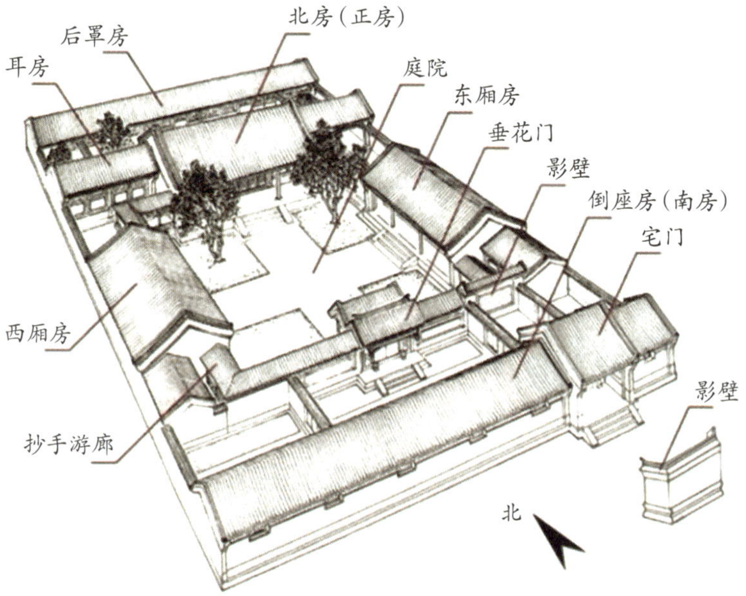

图7-10　标准三进四合院

一、大门

四合院大门建制颇有讲究，从建筑规模、形式、装修色彩、建筑材料的使用等方面划分出森严的等级，使宅门成了主人社会地位和经济地位的重要标志。不同级别门的开间数量有要求，且门扇的开设位置也有不同。

皇家宗室所用的大门称为王府大门，是级别最高的大门建制。占用三间或五间房的位置，两侧或正前方设有影壁。王府大门位于宅院中轴线上，不像普通四合院那样开在东南角。如位于后海南岸的清恭亲王府，原是乾隆帝的宠臣和珅府邸，后来赐给恭亲王，这座王府的大门是三开间，上覆绿色琉璃瓦。（图7-11）

图7-11　王府大门（清恭亲王府）

广亮大门（图7-12），是具有相当品级的官宦人家采用的宅门形式。在房屋中柱上安装抱框和大门。门扉位于中柱的位置，将门庑均分为二，门前有半间房的空间，房梁全部暴露在外，因而称广亮大门。广亮大门一般位于宅院的东南角，占据倒座房东端第二间的位置。

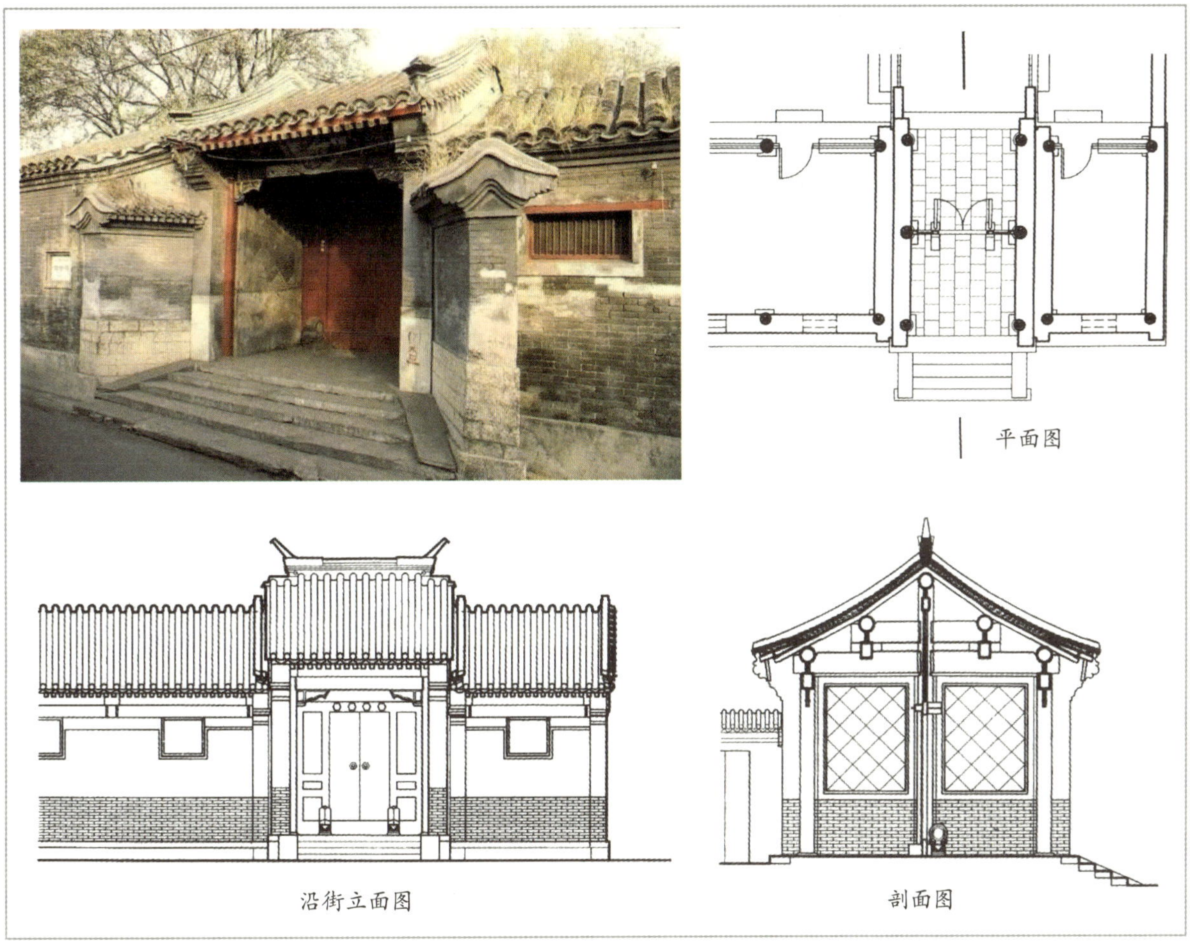

图7-12　广亮大门

金柱大门（图7-13），是形制上略低于广亮大门的一种宅门，也是具有一定品级的官宦人家采用的宅门形式。规模上比广亮大门要小，门也窄。主要区别在于，门扉是设在前檐金柱之间，而不是设在中柱之间，并由此得名。

蛮子门（图7-14），在房屋前檐檐柱上安装抱框和大门，门扉外不留容身的空间。其名称由来无处可考。有一种说法是，到北京经商的南方人为安全起见，特意将门扉安装在最外檐，以避免给贼人提供隐身作案条件，并因此而得名“蛮子门”。

如意门（图7-15），是北京四合院最普遍使用的宅门形式。在房屋前檐檐柱间砌墙，在墙上居中留门洞，门洞内安装抱框和大门，门前没有空间。门框上方设有两个门簪，写“如意”二字，故为“如意门”。

比如意门等级再低一点的是直接在墙上开门洞的随墙门，有的装饰有小门楼，有的模仿外国建筑的西洋门，是在清中期西洋文化传到中国后，北京地区老百姓所用的宅门。（图7-16）

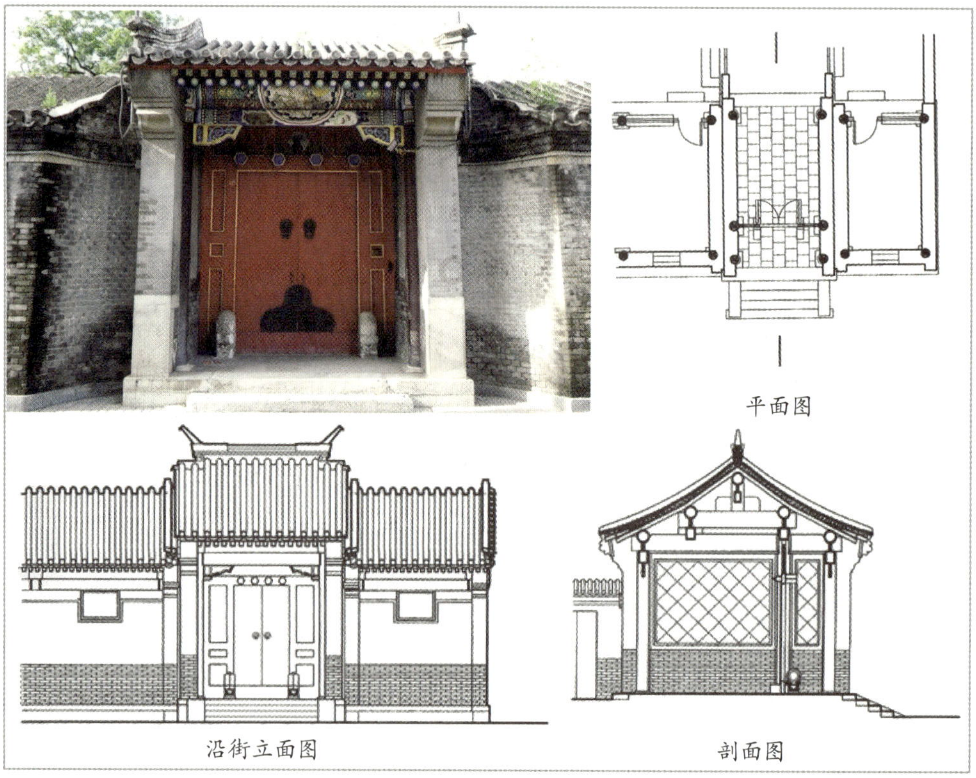

图7-13 金柱大门

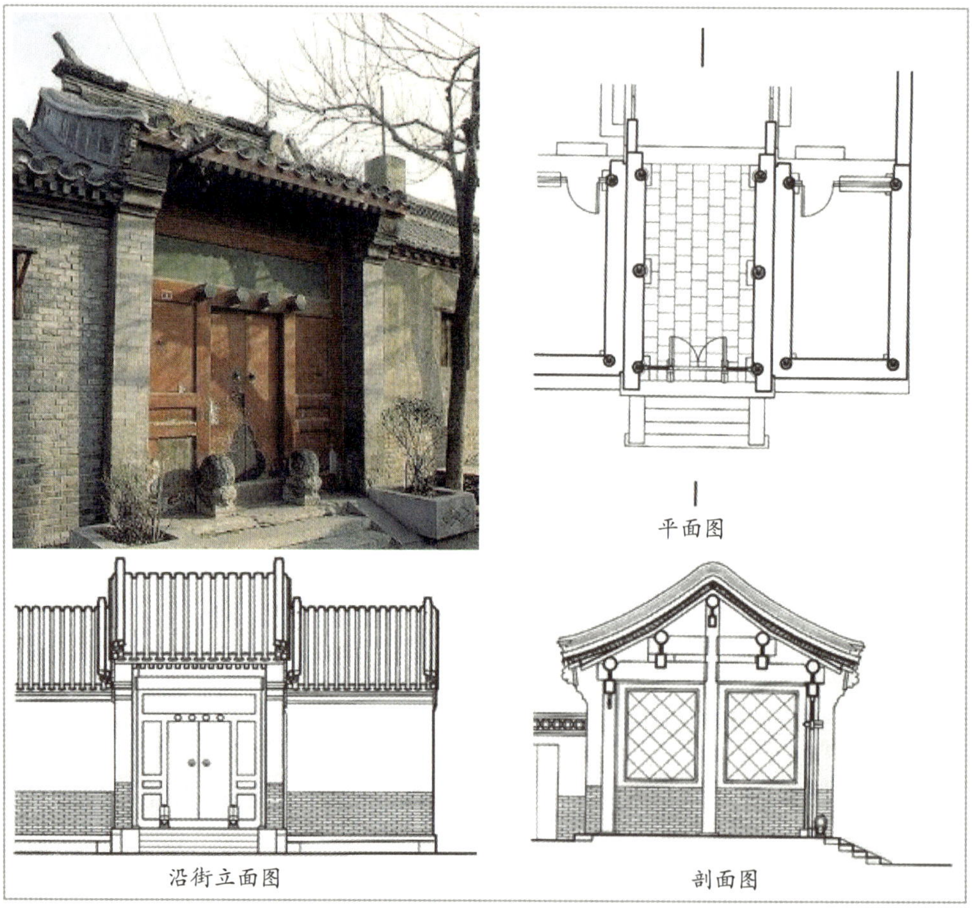

图7-14 蛮子门

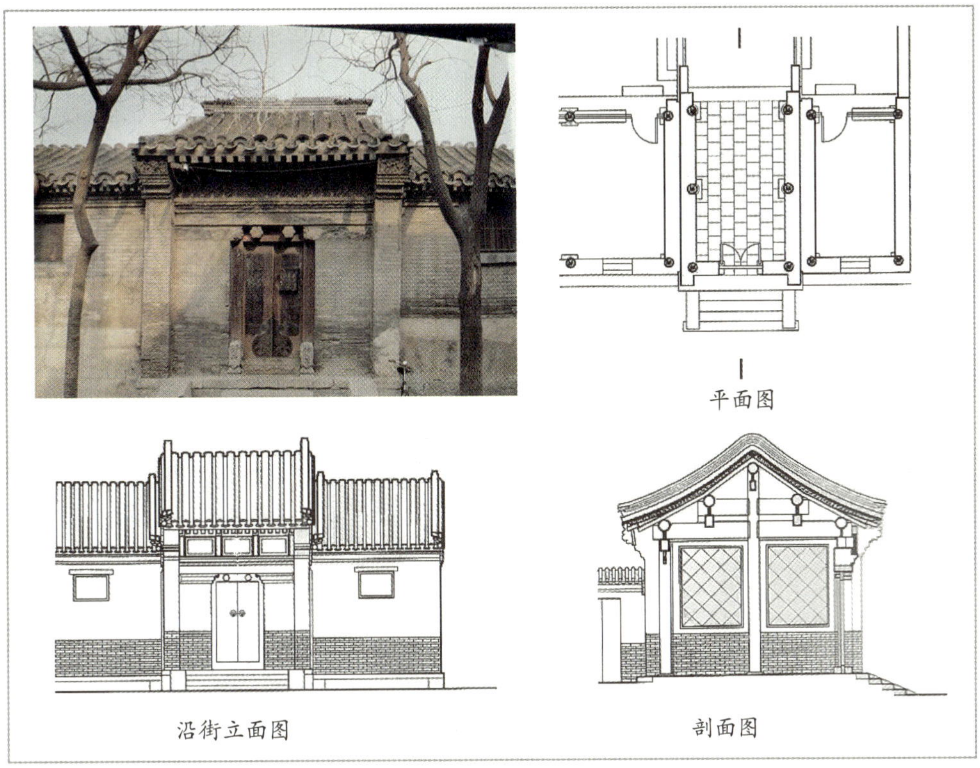

图7-15　如意门

图7-16　西洋式随墙门

二、影壁

进入大门正对的是影壁墙，也叫照壁，这是进门后的第一道装饰，影壁上多做砖雕。主要起到遮挡外人视线的作用，一方面兼顾了住户的隐私性，另外也可以烘托气氛，增加住宅的气势。在宅门内成“一”字形的影壁，叫作“一字影壁”；独立于厢房的山墙或隔墙之间的为独立影壁；在厢房的山墙上直接砌出小墙帽，并做出影壁形状的称为座山影壁；立在宅门对面的八字形影壁，称为雁翅影壁，主要作用是身份的象征，更大程度上突出家庭富有。（图7-17至图7-20）

图7-17　一字影壁

图7-18　独立影壁

图7-19　座山影壁

图7-20　雁翅影壁

三、倒座房

倒座房是整个四合院中最南端的一排房子，其檐墙临胡同，一般不开窗。由于门窗都向北，因此采光不好，主要用作门房、客房或男仆居住，厨房也会设在此处。前院是主人会客办公的场所，通过垂花门之后才是内宅，即四合院的生活区，非请不得入内。

四、垂花门

垂花门又称二门，开在内外院之间的隔墙，位于院落的中轴线上，是整个四合院中最漂亮、最精致的一扇门，也是迎客待客的礼仪象征。旧时说的大户人家的闺女“大门不出，二门不迈”，就是指不迈过垂花门。垂花门的前檐左右两根柱子不落地而垂在半空，柱下端雕有莲瓣串珠、石榴头等花形做装饰，因而称为“垂花门”。垂花门内侧左右连通抄手游廊。（图7-21、图7-22）

五、正院布局

过了垂花门是第二进院子，即内院。正中坐北朝南为正房，是全宅地位和规模最大者，供院主人

图7-21　垂花门外侧

图7-22　垂花门内侧

居住，三间或五间，东西耳房一般作为仓库、书房使用。东厢房住长子，西厢房住次子。院落中央有“十”字砖铺路面以便行走，其他部分多种植花木以美化环境。四合院所用花木颇有讲究，多要求春季有花，夏季有荫，秋季有果。而且最好有某种象征意义的树木花卉，如枣谐音“早”，石榴象征“多子”，葡萄架下好乘凉。各房前均有游廊，再以游廊相连至垂花门。这样即使在雨天，到任何房间也不会被淋湿。

六、后罩房

后罩房位于后院，有较好的私密性，常常给女眷使用，偶有情况住女佣或做储藏使用。家财较为丰厚的主人将后罩房建为两层，称为后罩楼。

第二节　云南“一颗印”

“一颗印”是云南昆明地区汉族、彝族普遍采用的一种两层楼的小型院落民居形式，是四合院建筑的一种。由正房、耳房、厢房以及倒座房围合而成，因建筑外形方正，墙面较高，造型上犹如一枚方印而得名。在陕西、安徽、云南等地都分布有这种风格的建筑。（图7-23）

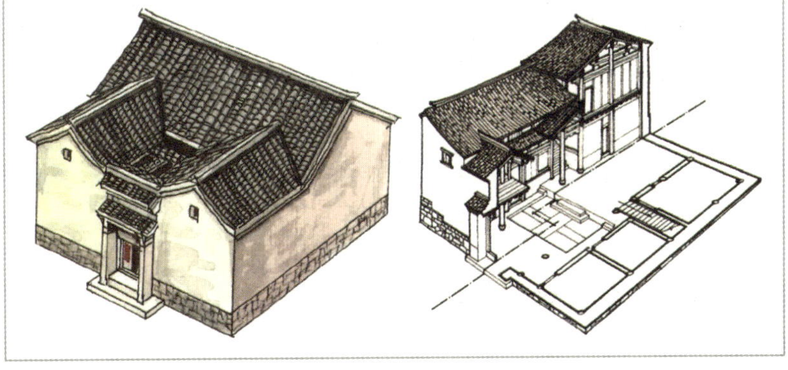

图7-23　“一颗印”外观及剖面透视图

“一颗印”的这种四周闭合形式，不仅节约用地，还能很好地适应四季温差小、风大、阳光强烈的气候。此外，云南是地震频发区域，“一颗印”民居木构架运用了成熟的榫卯技术，小巧紧凑的间架、枋架衔接有利于抗震。“一颗印”建筑占地少、高墙、少开窗，房屋布局紧凑，对于在云南等山区地少、多雨潮湿而解决人口稠密、土地资源紧张的问题具有十分重要的意义。

“一颗印”正房多为三开间，左右各一间耳房称“三间两耳”，左右各两间耳房称“三间四耳”。正房、耳房均高两层，两房连接处各设一单跑楼梯，直上楼层，布置十分紧凑。正房底层明间为堂屋，常做客厅、餐厅，是家庭内主要公共活动空间与接待宾客之处。左右两间为卧室，一般为长辈的居所。正房二层的中明间为祖堂或佛堂，供奉着祖宗、圣人的牌位，其余房间住人和储存粮食等。耳房底层做厨房、柴草房和猪、马牲畜栏圈，楼上二层做居室。（图7-24）“一颗印”民居的堂屋因做农活的需要通常对向天井开敞，而城市中“一颗印”民居则多用隔扇门把天井和廊道隔开。

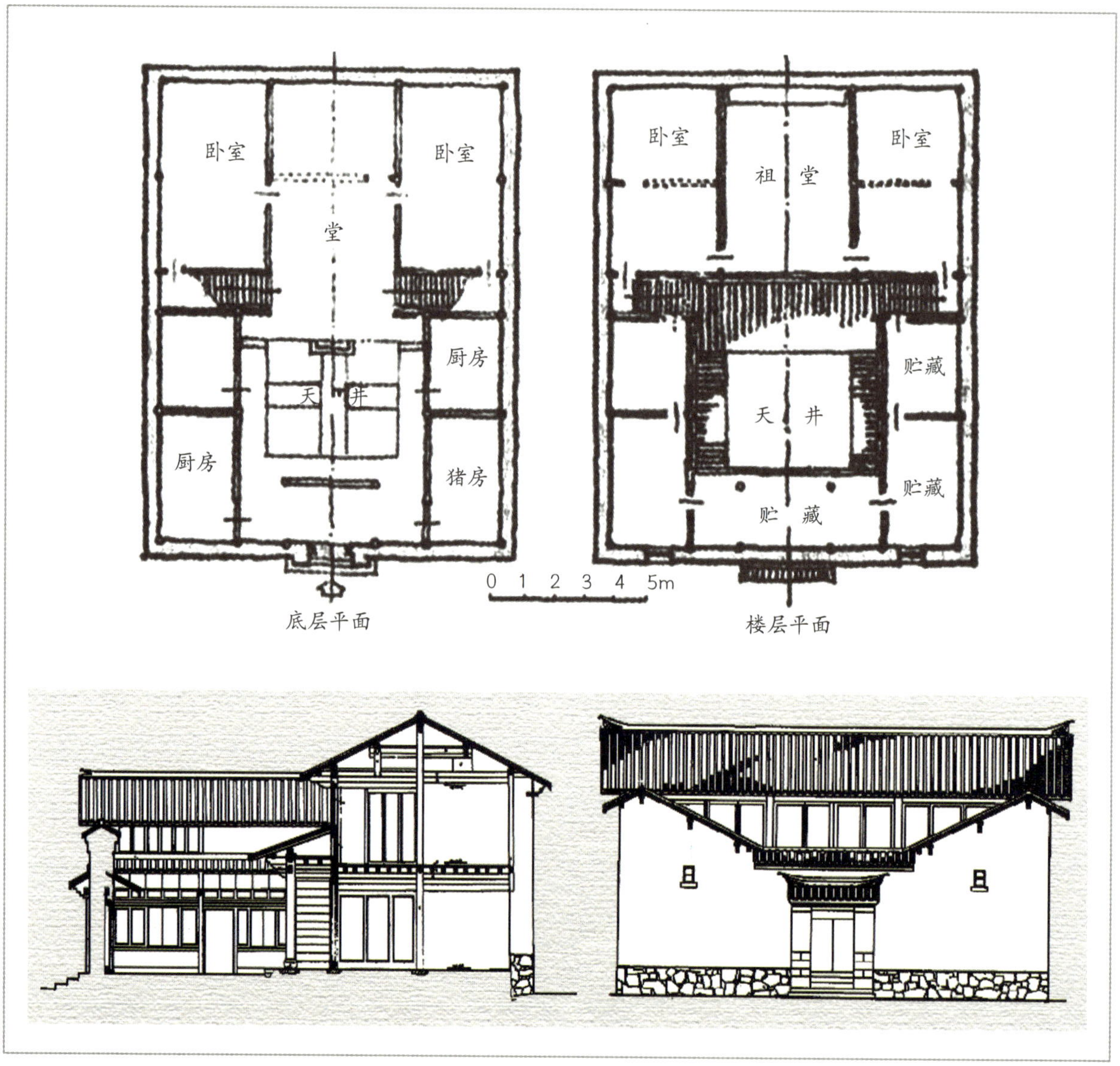

图7-24 “一颗印”平面图、剖面图及立面图

正房外立面用双坡屋顶。耳房与倒座房均为内长外短的双坡顶，长坡向内，短坡向外，加强立面的向心感，突出大门入口。也可提升外墙高度，有利于防风、防火、防盗，外观上黄墙高耸，宛如城堡。

中间的天井狭小，大概三四米，多打有水井，铺石板，是洗菜、洗衣、休闲的场所。住宅外面都用高墙，很少开窗，从天井采光。房屋高，天井小，可挡住太阳高角度的强光直射，十分适合低纬度高海拔的高原型气候特点。

“一颗印”外围高墙用夯土或土坯筑成，也有用内土外砖形式筑成，称为“金包银”。屋内地面一般用石灰、桐油、瓷粉混合筑就“三合泥”，这样的地面平整光亮而不滑，凉爽而不潮湿。

第三节　窑洞

窑洞广泛分布于山西、陕西、河南、河北、内蒙古、甘肃以及宁夏等省及自治区，是我国西北黄土高原居民的古老居住形式。（图7-25）在陕甘宁地区，黄土层非常厚，有的深达几十米，人们创造性地利用高原有利的地形，凿洞而居，创造了被称为“绿色建筑”的窑洞建筑。因其冬暖夏凉，不破坏生态，不占用良田，成为当地百姓取得住房最方便、最经济的一种方式。在陕北的米脂一带，窑洞几乎占当地农民住房的80%。

窑洞虽然都是挖土而成，但有不同形式，一般有靠崖式、下沉式、独立式三种，其中靠崖式窑洞应用较多。窑洞内多将坐北朝南的洞作为主要的卧室，土坯砖做的土炕放在靠洞口的地方，可以得到更好的光线与日照。洞内白灰抹面，窗户上也贴满白色的窗格纸，使室内更为清洁明亮。最初的窑洞使用黄土建造，后来演变为石材堆砌，增加了窑洞建筑的坚固性，更为精致复杂，各种雕花工艺也得到广泛应用。

图7-25　窑洞

一、靠崖式窑洞

靠崖式窑洞是在天然土壁内开凿横洞，往往数洞相连，或上下数层，有的在洞内加砌砖券或石券，以防止泥土崩溃，或外砌砖墙，以保护崖面。规模较大的在崖外建房屋，组成院落，成为靠崖窑院。有些断崖较高，常见开挖两层窑洞，上层称为“高窑”，内里较矮小，用来储藏杂物。（图7-26、图7-27）

图7-26　靠崖式窑洞外立面

图7-27　靠崖式窑洞剖面

二、下沉式窑洞

下沉式窑洞，又称“地坑院”，主要分布在没有山坡、沟壁可利用的地区。（图7-28）具体做法是在地面向下挖出一个深6米左右的方形大坑，坑底填平，然后向坑里的四壁横向掏凿而成，形成一个四合院。一般来说，下沉式窑洞院落平面大多为矩形，但也有不少是“凹”字形的。两个长边壁上各开挖三口窑洞，两个短边壁上各开挖两口窑洞，同时留出一口窑洞的位置作为院落的出入口。人在平地，只能看见地院里的树梢，看不见房屋。因而有“进村不见村，树冠露三分；麦垛星罗布，户户窑洞沉”这样的民谣。（图7-29、图7-30）

图7-28　下沉式窑洞

下沉式窑洞是我国民居形式中较珍贵的一种。其闭合环绕天井式的建筑模式，阻挡了室外污染的进入，以保持室内空气清洁干净。开敞的院子能够引进阳光、雨水、新鲜空气。院子上面朝天，下面以地表面为基，能够保持院子和院子周围的房间有良好的气候环境。但由于其占地面积大，已经面临着消失的危险。

图7-29　下沉式窑洞细部

图7-30　下沉式窑洞院落

三、独立式窑洞

独立式窑洞是一种利用拱券的形式而在平地上建起的掩土建筑。以土坯或砖砌成。独立式窑洞四面临空，故布局灵活，可形成三合院、四合院以及窑洞混合院落，应用非常广泛。（图7-31）

古老的窑洞在建筑学上属于生土建筑，体现了人与自然和谐相处共生的理念。

图7-31　独立式窑洞的各种形态

第四节　土楼

土楼主要分布在福建、广东、赣南一带的农村，它们的特点是每一栋体积都很大。平面形式有方形、圆形、五边形、半月形等，其中以圆形楼最为奇特。（图7-32）虽然这种圆形院落不是用四面房屋围成的方形庭院，而是由一圈房屋围成圆形庭院，但也可以列入合院式住宅的类别。

圆形土楼是怎样产生的呢？古时中原战乱频繁，有大批从北方迁徙而来的人在福建南部居住，当年

图7-32　土楼建筑群航拍

这些客家人既要面对野兽和土著外族的攻击，还要应对凶悍的山匪，因此多聚集而居，相互依靠，患难与共，形成团块与村落，这些圆形的土楼就成了客家人自我保护的最好方式。

土楼以土、木、石、竹为主要建筑材料。福建等地区的土质多属“红壤”，质地黏重，稍做加工便可以夯筑起高大的楼墙。另外，福建盛产硬木和竹，硬木用于建房，竹片相当于建筑骨架的拉筋，而糯米、红糖是最好的凝固剂。这三种建筑材料和沙石、石灰一起，构筑成丰富多彩的各式土楼。

土楼是对外相对封闭的内向型居住建筑。特点是以一圈高达2～5层的楼房围成巨宅，有外环楼和内环楼，内为中心院。（图7-33）祖堂一般设在核心内圈中央，是祭祖和举行家族大礼的地方。大多数土楼的第一、第二层是厨房、杂物间和谷仓，第三层以上住人。在一些土楼内部院中有水井，布置有良好的排水系统，疏导生活废水和雨水，使建筑保持卫生的环境。土楼的墙很厚，可达1～2米，夏天室内凉爽，冬天阻挡寒风，内部环境较为温暖。大型圆楼直径可达七八十米，高五六层，内有四五百间住房，可住七八百人。

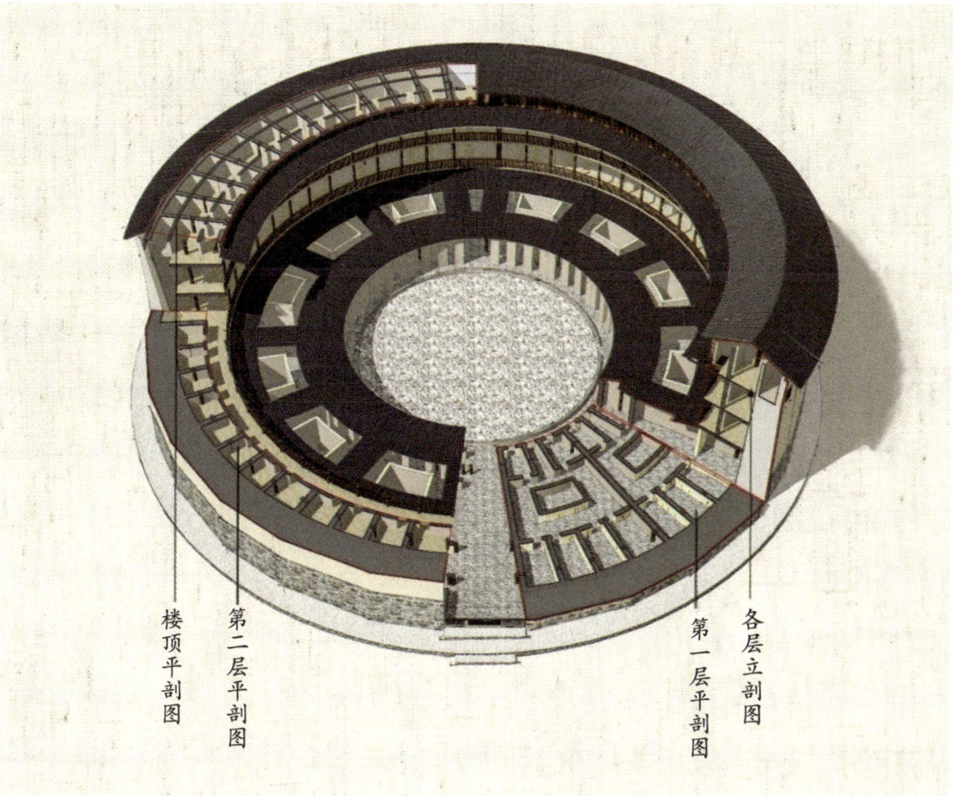

图7-33　土楼剖面透视图

土楼多具有完善的防御功能。第一、第二层不开窗，阻止了敌人从外入侵，第三、第四层只开小窗，且窗口外小内大，便于楼内人向外观察，也可凭倚射击，防卫性强。例如福建华安县的二宜楼，外墙通高16米，埋入地下的墙基深度至少1米，宽度则超过3米，如果想挖地道进楼基本上没有可能。（图7-34）露出地面的墙脚由块石和花岗岩条石砌筑，高度超过2米，不但极其坚固，还可以防止洪水冲击。墙脚之上是夯土筑成的墙身，由黄土、石灰、沙子三者按比例拌和，中间还夹以石块、竹片，类似现在的钢筋混凝土。墙身第一至第三层都不设窗户，只在第四层开出小窗。墙身上方还覆盖着巨大的屋檐，

仅伸出墙外部分就宽达两三米，站在墙下之人不由心生敬畏。（图7-35）

二宜楼外环楼第一至第三层用于待客起居，第四层则用于供奉祖先。这些独立的单元房都面向土楼中间面积超过600平方米的中心庭院，形成一种极强的向心性。农闲时家家户户妇女小孩齐聚于此，宗族内其乐融融。土楼内可以储藏粮食、饲养家畜，还有两眼公用水井，生活物资应有尽有。一旦遇外敌攻击，土楼关闭，可以维持数月之久。特别的是，四层设置了一条隐蔽的通廊，通廊连接各家各户，防御时可以运送物资、弹药，如果土楼被攻破则可以作为逃生通道。（图7-36）

土楼大门门框多用条石，门为木门。为防火攻，门上设有漏水漏沙装置，如遇火攻即可放水放沙灭火。（图7-37）坚固的大门一关，土楼便成为坚不可摧的堡垒。

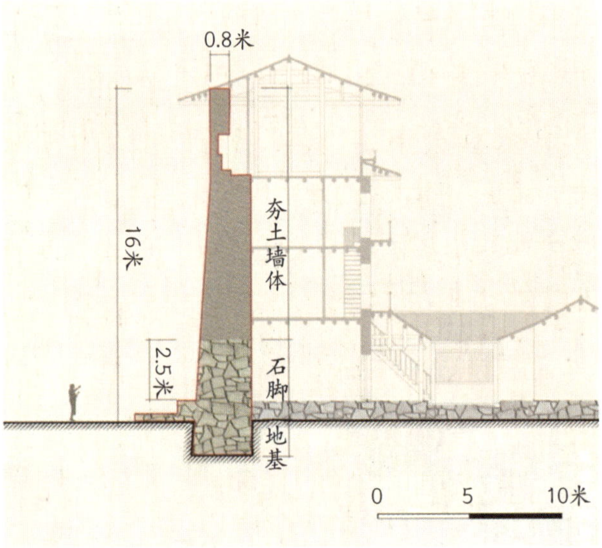

图7-34　二宜楼剖面图

图7-35　二宜楼立面图

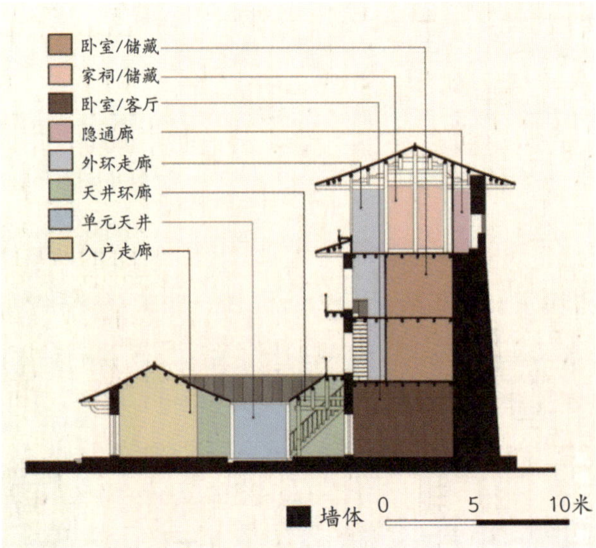

图7-36　二宜楼居住单元的功能示意图

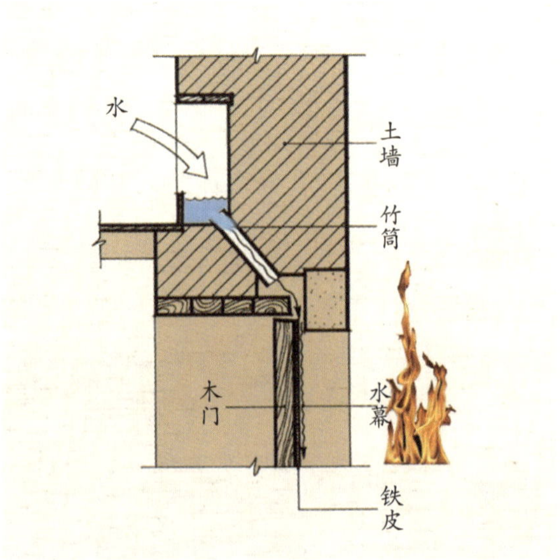

图7-37　二宜楼入口大门防火系统

第五节　吊脚楼

吊脚楼也叫“吊楼”，为苗族、壮族、布依族、侗族、土家族等族人的传统民居，多分布于湘西、鄂西、贵州地区。（图7-38）最初的模型是原始人的巢居。由于南方气候温湿多雨，耕地面积有限，人们为了防止外来野兽的侵袭，就将房子建于树上。后来由于人口不断增加就将房子建在没有树木的平地上，并按照以前的方法用树木搭建，从而形成干栏式建筑。吊脚楼不同于全部都悬空的干栏式建筑，它是半干栏式。基本特点是正屋建在实地上，厢房除一边靠在实地和正房相连，其余三边皆悬空，靠柱子支撑。由于这种房屋在构造、通风、采光等方面优胜于其他建筑，使得它历经百年风雨仍然屹立至今。（图7-39）

图7-38　吊脚楼示意图

图7-39　吊脚楼建筑

吊脚楼为三层建筑，底层不住人，一般用来饲养家禽，放置农具和重物。第二层是饮食起居的地方，设卧房、堂屋、厨房、储藏室等。中部是堂屋，设有火塘，火塘是此类民居中重要的功能空间，它不仅具有烧水做饭的实用性，还是家庭的凝聚中心。由于有窗，所以明亮，光线充足通风也好，家人多在此做手工活和休息，也是接待客人的地方。第三层透风干燥，十分宽敞，除作为卧房外，通常还隔出小间用作储粮和存物。（图7-40）

散布在大山中的吊脚楼群就像土家山歌一样丰富多彩，或组合成一个小镇，或构成一个寨子，都坐落在风景极佳的地方，茂林修竹环绕周围，小桥流水穿梭其间，不少吊脚楼群掩隐在古木翠竹中，就像一幅幅山水画，大有“山深人不觉，全村同在画中居”的意境，也充分呈现出了“天人合一”的传统文化理念。

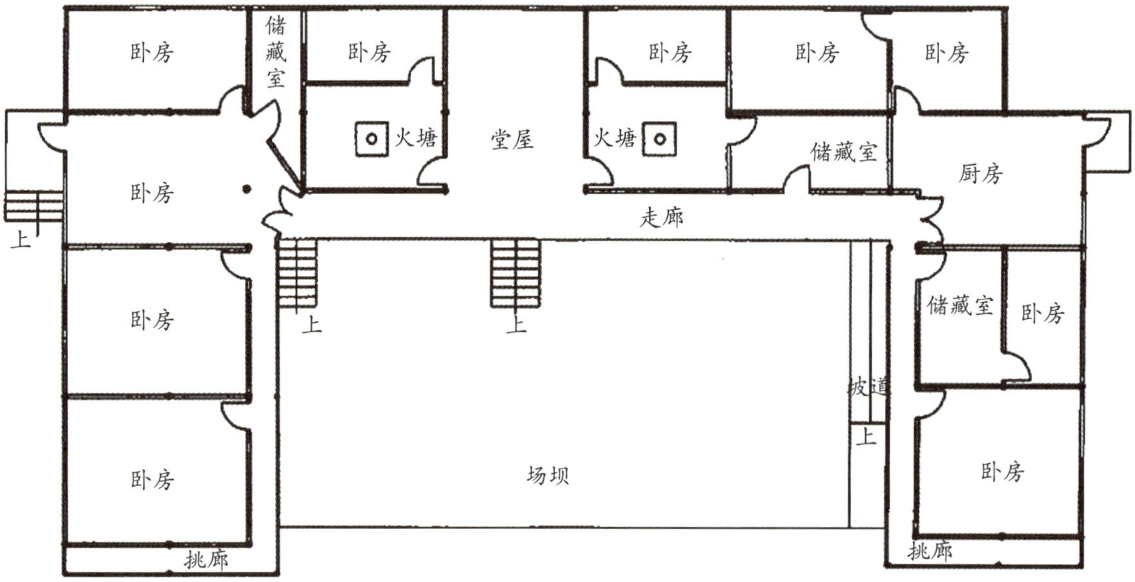

图7-40　吊脚楼平面图

8

第八章

古埃及建筑

课前练习小测

1. 提到古埃及，你首先能想到的建筑或者关键词是什么？

2. 你知道狮身人面像的作用吗？

3. 被称作古埃及“移动的神庙”，你知道是哪里吗？

埃及，四大文明古国之一。世界上最庄严、最经得起岁月磨炼，像时间一样永恒的纪念性建筑，就产生在这里。在世人心目中，古埃及文明总是和尼罗河联系在一起。在一年一度泛滥的尼罗河大规模的水利建设中，古埃及发展了天文学、几何学、测量学，创造了起重运输机械，学会了组织几万人的劳动协作。这些成就对建筑和艺术的发展起着重大的推动作用，为建成一系列大型纪念性建筑奠定了基础。古埃及很多建筑物都建造在尼罗河两岸，如宫殿、陵墓和皇帝的寺庙。古埃及人非常成功地把纪念性建筑和尼罗河上下的自然景观结合起来，充分利用自然条件使纪念性建筑的艺术表现力达到极致，以至沙漠、长河、悬崖峭壁都成了纪念性建筑的一部分。（图8-1）

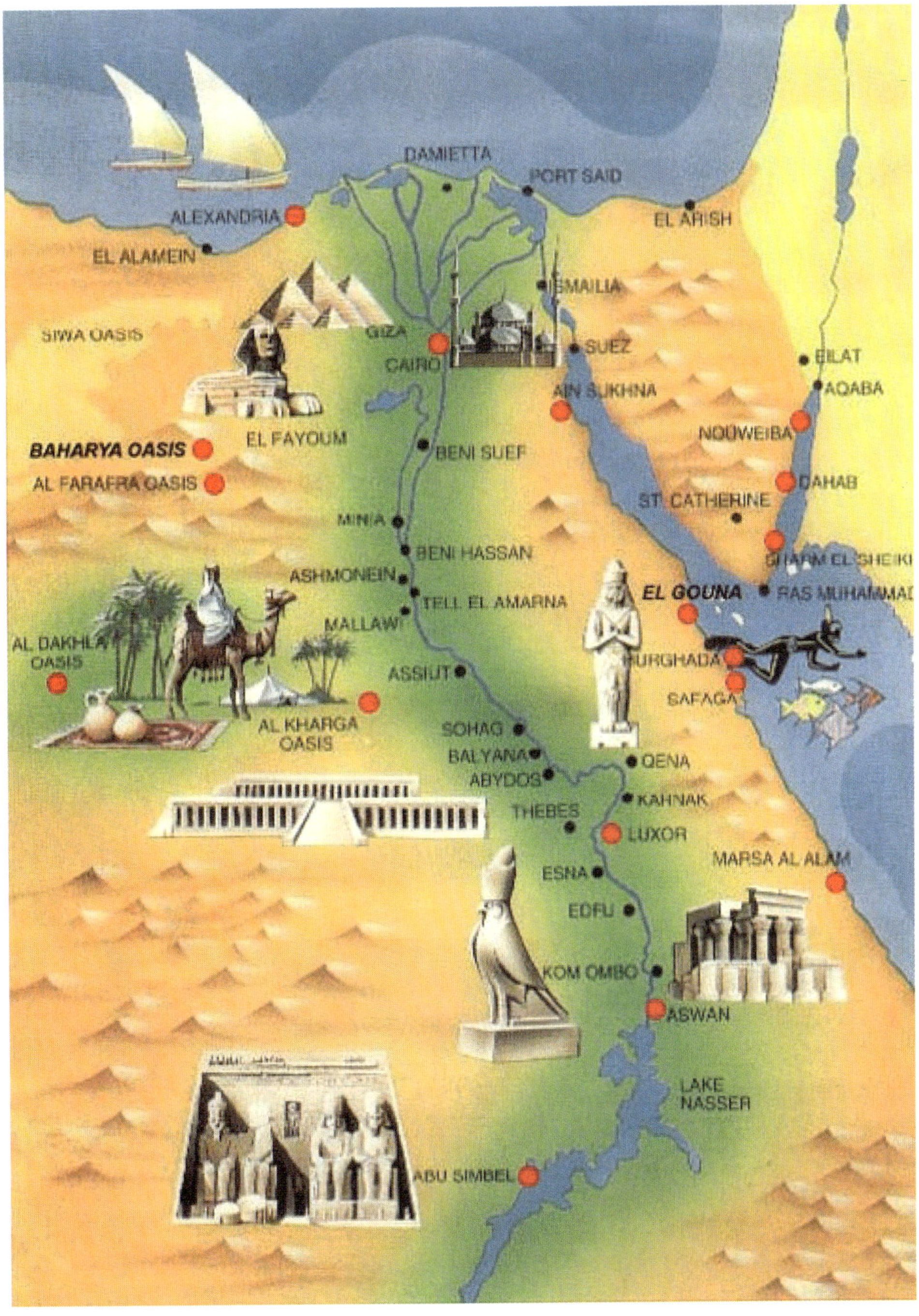

图8-1　尼罗河及沿岸重要建筑分布

第一节 金字塔

金字塔是古埃及最具有代表性的建筑，被誉为“世界七大奇迹之一”，建于4500年前，是古埃及法老和王后的陵墓。巨大石块砌成的方锥形建筑因形似汉字“金”而得名。金字塔单纯、稳定而有力的灰白色外形，在黄沙、蓝天的掩映下，闪烁着耀眼的光芒，在四周沙漠所特有的炙热沉闷的空气中，散发着永恒、悲凉、壮观的气质。

埃及早王朝时期，仿照上埃及流行的住宅，大部分陵墓外形呈长方形，四壁呈斜坡状，这种陵墓在阿拉伯语中被称为“玛斯塔巴”，意思为“凳子”。（图8-2）玛斯塔巴通常是用泥砖建造，一般为地上和地下两部分，采用上大下小的构造，但也有一些是上下等大的。

到第三王朝时，有一个名叫伊姆荷泰普的医生，想以特殊的方式为国王昭塞尔建造坟墓。于是，他将坟墓设计成重叠式的、阶梯状的金字塔一层接一层地往上加建，逐层缩小，一直加至第六层，外层再用精致的白色石灰把这个庞然大物包起来。昭塞尔金字塔是由玛斯塔巴向金字塔过渡的陵墓形式，是埃及最早的六级梯形金字塔，也是埃及第一座完全用石头建造的巨大建筑物。（图8-3）建筑材料采用石材而非泥砖，使金字塔更加坚固，而且为金字塔巨大化提供了根本条件。（图8-4）

图8-2 玛斯塔巴

图8-3 昭塞尔金字塔

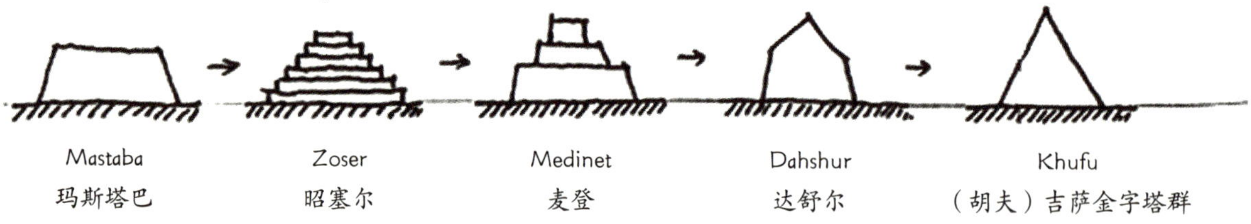

图8-4 金字塔的演变图

典型案例：吉萨金字塔群。

埃及迄今已发现110座金字塔，主要分布在尼罗河下游。古埃及国王希望自己死后成为神，继续享受人间的荣华富贵，金字塔既可以存放遗体，又是助他登天的天梯。另外，金字塔还表示对太阳神的崇拜。最为著名的是开罗郊区的吉萨金字塔群，由三座金字塔组成，分别是国王胡夫、儿子哈夫拉、孙子孟卡拉及其皇后的陵墓。（图8-5）

胡夫金字塔是吉萨金字塔群中最大的一座。原高146.5米，因年久风化，顶端剥落10米，现高136.5米。底座每边长230多米，三角面斜度52度。塔身用230万块巨石堆砌而成，大小不等的石料重1.5吨至50吨，塔的总重量约为684万吨。金字塔内部的通道对外开放，设计精巧，计算精密，令世人赞叹。当年埃菲尔铁塔还未建成时胡夫金字塔曾是世界上最高的建筑物。这座金字塔除了以其巨大的规模令人惊叹以外，还以其高水平的建筑技巧而闻名。塔身的石块之间，没有任何水泥之类的黏合物，而是一块石头叠在另一块石头上面。每块石头都磨得很平，至今已历时数千年，就算这样，人们也很难用一把锋利的刀刃插入石块之间的缝隙，这不得不说是建筑史上的奇迹。（图8-6）

哈夫拉金字塔（图8-7）是胡夫儿子的陵墓，塔高136米，建于山坡之上，因此看上去比胡夫金字塔要高。哈夫拉金字塔前设有祭庙，庙前长长的堤道通向另一座河谷的神庙和斯芬克斯狮身人面像。狮身人面像在哈夫拉金字塔的南向约350米处，由一整块巨型岩石雕制而成，凝视前方，表情肃穆，雄伟壮观，长约73.5米，宽约19.3米，高约20.22米，脸宽5米。据说这尊斯芬克斯狮身人面像的头像是按照法老哈夫拉的样子雕成，作为看护他的永恒住地金字塔的守护神。

图8-5　吉萨金字塔群

金字塔外部的表现力阔大而雄伟，具有强大的视觉冲击力，不仅如此，古埃及人还给它进行了神秘的、压抑的、震慑性的艺术设计处理，这就是殡葬神庙。神庙是举行崇拜仪式的地方。它分为两个部分，一部分紧贴在金

图8-6　胡夫金字塔外观及其内部结构图

图8-7　哈夫拉金字塔

字塔东面的底部，另一部分在几百米外的尼罗河边。两部分之间用一条石块砌筑的封闭走廊连接，空间狭小，只能容一个人通行。古埃及人从日出日落的自然现象中受到启示，认为人死就像是夕阳西沉，所以墓葬区都选在尼罗河西岸。法老去世后，送殡的队伍把制作好的木乃伊由河东运送到河西，众人鱼贯走过密闭的走廊，从光明到黑暗，给送殡人心里造成一种幻觉，仿佛正一步步离开现实世界，走向冥国。通过隧道后，光明突然出现，展现在眼前的是耸入云际的金字塔，瞬间的变化让他们仿佛置身另一个世界。宏伟的建筑体量，使人倍感自身的渺小，崇敬、神圣之感油然而生。

第二节 神庙

古埃及新王国时期，皇帝成了太阳神的化身，因为太阳神是天上最高的神祇，所以有关皇帝的一切建筑都要宏大、庄严。祭司们为了将法老神秘化，设计了成套的礼仪。礼仪需要场所，这便是神庙。神庙是古代埃及的一种典型石造建筑物，其格局几乎固定不变，由塔门、露天庭院、列柱大厅和神殿四部分组成。神庙建筑充分展示了古埃及人高度的智慧和精湛的建筑技术。

以卡纳克神庙为例，其布局简单而古典：有塔门、敞开的庭院、柱子门廊，大殿内部密排着134根石柱子，中央两排柱子高达21米，直径3.57米，上面架设的石梁重达65吨，能够把这样大的石梁架到21米高的石柱上去，需要极高的施工技术。门口和院里的大柱前有多座拉美西斯三世的石雕立像，方形柱子上有象形文字和浮雕。（图8-8）

典型案例：阿布辛贝神庙。

面向尼罗河的阿布辛贝神庙，堪称众多埃及神庙中最富想象力的一座。整座神庙不是堆叠土石所建，而是在山岩中雕凿而出，它本身就是一座巨大而精美的雕刻作品，是古埃及法老拉美西斯二世为庆祝自己登位34周年而建。神庙高30米、宽36米、纵深60米，以4座巨大的国王坐姿雕像而著称于世。门前这4座巨型石质拉美西斯坐像，神情威严，每尊高约20米，重1200余吨。在他们的小腿边上，还精心策划且有序散落着其母、妻、子女的小雕像，无不栩栩如生。（图8-9）

神庙的主体部分是一个长方形大厅，16尊站立雕像分两列左右排列，同样全部是拉美西斯二世，墙

图8-8　卡纳克神庙

上也满布描绘拉美西斯二世战功的壁画和浮雕。（图8-10）

图8-9　阿布辛贝神庙入口处

大厅尽头是一间作为圣坛的石室，4座神像并排而坐，由左至右分别是黑暗之神、天空之神、拉美西斯二世和太阳神。在古埃及神庙的雕像中，只有神才可以坐着，法老的雕像都是站立的，唯有拉美西斯二世却建造了自己坐着的雕像，将自己平等地列于众神之间，这恐怕是除了他以外任何一名法老不曾有过的大胆之举。这座神庙与其说是为了供奉太阳神而建，不如说是为了体现法老如神般至高无上的地位。（图8-11）

特别神奇的是每年春分和秋分这两天，初升太阳的第一道光线会直接照射到圣堂正中的皇帝像上，证明了古埃及建筑设计者多么善于利用自然现象。

阿布辛贝神庙不仅是古埃及文明和建筑的巅峰之作，同时也是现代文明考古技术的最完美体现。20世纪60年代，由于阿斯旺大坝的建造将湮没阿布辛贝神庙，联合国教科文组织对其进行了抢救性迁移。集合全世界精英之力，花费4年时间，几千万美元投资，将阿布辛贝神庙切割成2000多块，然后在200米外高出河床水位60余米的高地上重新组建，而且完全保留了当时神庙的细节。所以，阿布辛贝神庙也被称作古埃及“移动的神庙”，它是人类历史上独一无二的建筑奇迹。

图8-10　阿布辛贝神庙内前厅

图8-11　阿布辛贝神庙石室

第三节　壁画及浮雕

古埃及人对建筑的主要装饰手段是绘画与雕刻。在绘画方面有一些程式化的处理，尤其是人物常表现为侧脸、正眼、侧脚、正身，这种表现方式叫“正面律”。这并不表示古埃及人没有三度空间的观察与表现能力，而是为了保证艺术造型与墙面的二维性保持高度的统一感。古埃及建筑与雕刻、绘画的结合深刻地影响了以后建筑装饰的取向。（图8-12）

图8-12　古埃及壁画及浮雕

9

第九章

欧洲古典时期建筑

课前练习小测

1. 你知道奥林匹克运动会的发源地在哪里吗?

2. 古希腊留给世界最具体、最直接的建筑遗产是什么呢?

3. 有一句古谚说“如果一个人到了罗马不去看它，那么，他来的时候是头蠢驴，走的时候还是一头蠢驴”，你知道“它”指的是什么吗?

提到欧洲建筑，不得不从古希腊建筑说起，虽然它不是欧洲建筑唯一的发源地，但它对欧洲建筑的影响既深又远，从欧洲影响到全世界。在20世纪90年代，中国建筑曾兴起一股“欧陆风”，其基本元素就是爱奥尼与多立克两套柱式。这柱式就产生于古希腊，是古希腊建筑留给全世界最重要的遗产。

西方古典建筑有狭义与广义之分，狭义上特指古希腊、古罗马建筑，广义上指按照古希腊、古罗马建筑设计原则来设计的建筑。古典建筑通过政治、军事、宗教的影响，扩展至整个欧洲大陆及各个岛国，在2000多年的发展历程中，既有继承，又有创新发展，从而在不同的地域、时期发展出既有共性又各具特色的多种建筑风格，勾勒出西方古典建筑发展的历史，甚至是人类社会发展的历史。

第一节　古希腊建筑

古希腊是欧洲文明的摇篮，古希腊人在哲学、历史、建筑、科学、文学、戏剧、雕塑等诸多方面都有很深的造诣。古希腊建筑的特点主要是和谐、完美、崇高。尤其是古希腊的神庙建筑，体现了结构和谐之美、柱式庄重之美、雕刻装饰之美。

奥林匹克运动会最早起源于古希腊，因举办地在奥林匹亚而得名。古希腊是一个神话王国，优美动人的神话故事和曲折离奇的民间传说，为古奥运会的起源蒙上了一层神秘的色彩。有关古奥运会起源的传说很多，最主要的有以下两种：一种传说是古代奥林匹克运动会是为祭祀宙斯而定期举行的体育竞技活动。另一种传说与宙斯的儿子赫拉克勒斯有关。赫拉克勒斯因力大无比获“大力神”的美称。他在伊利斯城邦完成了常人无法完成的任务，不到半天工夫便打扫干净了国王堆满牛粪的牛棚，但国王不想履行赠送300头牛的承诺，赫拉克勒斯一气之下赶走了国王。为了庆祝胜利，他在奥林匹亚举行了运动会。

古代奥林匹克运动会停办了1500年之后，法国人顾拜旦于19世纪末提出举办现代奥林匹克运动会的倡议。1894年成立了奥委会，1896年举办了首届奥运会，之后每四年一届。顾拜旦也被尊称为“奥林匹克之父”。奥林匹克运动会现在已经成了和平与友谊的象征。

一、希腊三柱式

柱式，指的是石质梁柱结构各部件的样式和它们之间组合搭接方式的完整规范。柱式不仅决定了建筑的形式和比例关系，而且决定了建筑的风格。

要特别强调，柱式不同于柱子。梁柱结构体系既包括垂直方向的柱子，也包括水平方向的梁。因此，柱式由檐部和柱子两部分组成，檐部自下而上包括额枋（过梁）、檐壁和檐口三部分，柱子自下而上由柱础、柱身和柱头三部分组成。各个部分之间均以柱身底部直径为模数形成一定的比例关系。（图9-1）

古希腊最典型、最辉煌的柱式主要有三种：多立克柱式、爱奥尼柱式和科林斯柱式。它们也是欧洲主流建筑艺术造型的基本元素。（图9-2）

1. 多立克柱式

多立克柱式是古希腊三种柱式中出现最早的一种。它的设计简单、朴素，柱体厚重、粗壮。多立克

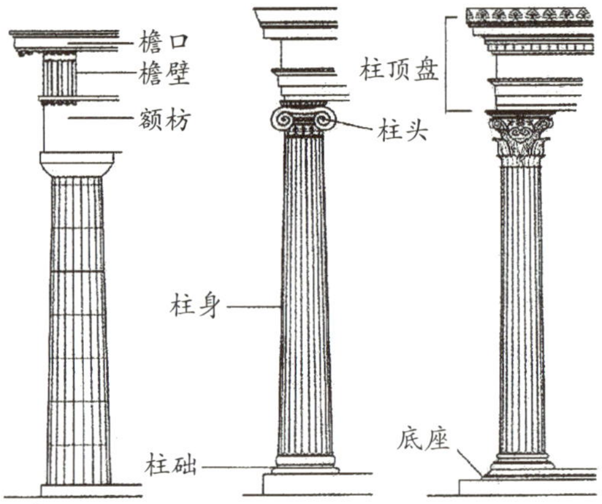

图9-1 古希腊三柱式

图9-2 多立克柱头、爱奥尼柱头、科林斯柱头

柱式一般都直接建在阶座之上，没有柱础，柱头是个倒圆锥台，柱身有20条凹槽。柱身由下向上逐渐缩小，中间略鼓出。建造比例通常柱高与柱直径的比例是6：1，雄健有力，象征男性美，所以多立克柱又被称为“男人柱”。

2. 爱奥尼柱式

爱奥尼柱式有柱础，柱高是其直径的8~9倍，柱身有24条凹槽，柱头有一对向下的涡卷装饰，富有曲线美。柱身比较纤细秀美，呈现女性的比例关系，故被称为“女人柱”，拥有优雅高贵的气质。

3. 科林斯柱式

科林斯柱式实际上是爱奥尼柱式的一个变体，两者各个部位很相似，比例比爱奥尼柱更为纤细。科林斯柱式在爱奥尼柱式的基础上发展出更为华丽的装饰，柱头用毛茛叶为装饰，形状好像装满花草的花篮，装饰性很强。它可置于建筑物的任何部位，适应各种角度观赏，具有极强的装饰效果。

相传古时候在科林斯这个地方有个美丽的少女，正当她快要出嫁时，突然生急病去世了，与她日夜相处的一个保姆特别伤心，于是把少女生前喜爱的一些小器物装在一个花篮里，放在少女的坟墓前。为了防止里面的东西在露天处受损，在篮子上盖了一片板瓦。第二年春天，坟上长出了一棵毛茛草，茎叶越长越多，竟把这个小花篮环绕起来，形成一个十分美丽的形态。后来，人们就根据这个奇妙的故事设计了一种柱式，上部是藤蔓似的涡卷，下面便是毛茛草的茎叶图案。

二、雅典卫城

古希腊人认为每个城邦、每一个自然现象都是由神决定的，所以希腊人信奉泛神论，崇拜各种神灵，为他们建造神庙。古希腊神庙不仅是宗教活动的中心，也是城邦公民社会活动和商业活动的地方，还是储存公共财富的场所。

雅典卫城位于希腊首都雅典，是世界上重要的建筑遗址之一，被誉为“世界建筑之皇冠”。（图9-3）“卫城”通常是一个城堡，其字面的意思是位于高处的设防城市，防卫坚固的山冈，上面住着氏族的首领、贵族和一部分居民。遇到战争，山脚下的居民便躲进围城。

雅典卫城位于雅典中心的一座石灰岩小山上，比四周高出70余米，东西长280米，南北宽130米。只有西面一条通道能够出入。雅典卫城采用了自由活泼的布局方式，建筑物的安排顺应地势。为了同时照顾山上山下的观赏，主要建筑物贴近西、北、南三个边沿。主要建筑有卫城山门、胜利神庙、帕提侬神庙、伊瑞克提翁神庙。（图9-4）

卫城山门是卫城的唯一出入口，其屋顶分成两部分，因地制宜。（图9-5）北翼展览室，南翼敞廊，做成不对称的形式。内部采用爱奥尼柱式，两翼和外侧使用的是多立克柱式。通过对比手法，体量小的两翼突出了主体的雄伟；外观朴素而内部华丽，符合视觉规律和室内气氛。

雅典卫城的山门两侧不对称，由南边的胜利神庙取得均衡。（图9-6）胜利神庙很小，台基面积只有44.28平方米，从柱座到墙顶3.3米高，前后廊式，前后各四根爱奥尼柱，并对比例做出一定变化，较为粗壮，使其与山门的多立克柱式协调统一。

帕提侬神庙是守护神雅典娜的庙，为卫城的主体建筑物，位于雅典卫城的制高点。（图9-7）平面形制为列柱围廊式。除屋顶是木制外，其他均采用白色大理石。三级台阶与基地形成高差，两坡顶，东西两端有三角形山花，这种风格被认为是古典建筑的基本形式。它的内部分为两半。东边为圣堂，进入内部是双层叠柱式的三面回廊，加强了内部空间的中央轴线感；朝西的一半是国库和档案馆，有四根爱奥尼式柱子，其他均为多立克式柱子。

伊瑞克提翁神庙位于帕提侬神庙北面，根据地形的高差起伏和功能需要，运用不对称的构图手法，打破神庙一贯以来的均衡对称布局，由三个小神殿、两个门廊、一个女雕像柱廊组成。（图9-8）体量小巧精致，生动秀丽，与帕提侬神庙形成对比。伊瑞克提翁神庙是爱奥尼柱式的代表，东立面由爱奥尼

图9-3　雅典卫城远眺

图9-4　雅典卫城复原图

图9-5　卫城山门现状

图9-6　胜利神庙现状

柱式构成入口门廊，西南面为一组女雕像柱廊。坐落在三层不同高度的台层上，平面为不规则组合的矩形。

古希腊除了神庙以外，剧场也是重要的建筑类型。对古希腊人来说，去看戏是一件令人兴奋的事，虽然那时的剧场可能不那么舒适，古希腊剧场的座位都是从岩石中开凿出来的，类似于台阶。

埃皮达鲁斯剧场，是古希腊剧场建筑中最著名、保存最好的一个露天剧场。（图9-9）像许多古希腊剧场一样，呈半圆形，约于公元前450年建在一个绿树环绕的山坡上。一排排大理石座位，依着环形的山势，次第升高，像一把展开的巨大折扇。中心是歌坛，直径20.4米。山坡上有34排座位，剧场能容纳1.5万余名观众。

图9-7　帕提侬神庙

图9-8　伊瑞克提翁神庙现状

图9-9　埃皮达鲁斯剧场内景

第二节　古罗马建筑

古罗马建筑直接继承了古希腊的建筑成就，并更多地追求宏伟、壮丽的美学效果，以巨大的尺度和厚重的结构形态，在显赫的气氛中表现帝国的雄风。古罗马时期的社会观念已经向满足世俗化和享乐主义方向发展，公共建筑物类型多，形制相当发达，样式和手法很丰富，创造了很完善的拱券结构体系，所以对后世欧洲的建筑，甚至全世界的建筑，都产生了巨大的影响。

一、罗马五柱式

古罗马人继承了古希腊人的三种柱式，在原有基础上又进行了完善和改进，并创立了两种新柱式：塔司干柱式和混合式柱式。制定出柱式的比例关系，形成了成熟的五种柱式形式，分别是多立克柱式、爱奥尼柱式、科林斯柱式、塔司干柱式和混合式柱式。（图9-10）这些柱式规范的影响非常深远，成为西方建筑的基本母题，至今仍在被广大建筑师所学习和模仿。

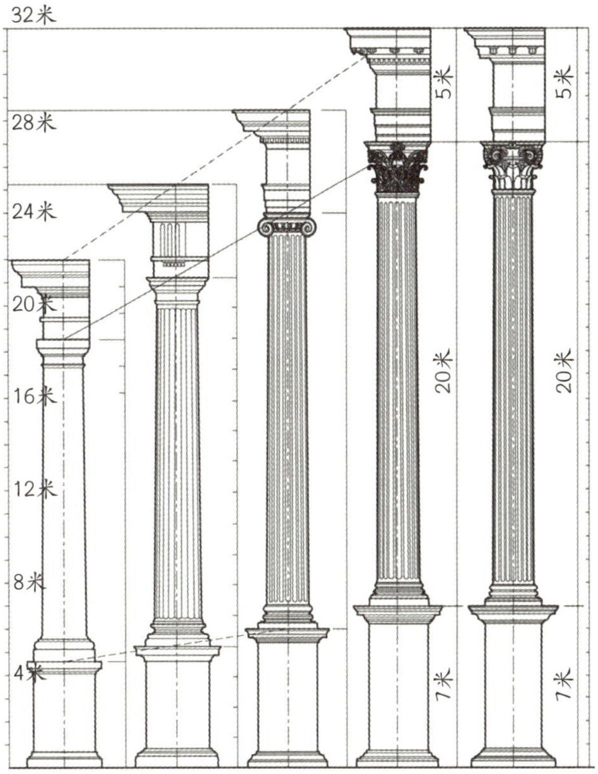

图9-10　罗马五柱式

罗马多立克柱式外观跟古希腊多立克柱式相近，但在柱头下端添上了一圈环状装饰；柱身下添加了圆环形柱础。柱高与柱径的比例为8：1，整个柱身显得比较粗壮。（图9-11）

罗马爱奥尼柱式与古希腊爱奥尼柱式相同，只是把柱头上两个涡卷间的连接曲线改为水平直线。（图9-12）

罗马科林斯柱式样子与古希腊科林斯柱式一致，柱高跟柱径的比例是10：1，显得纤细高大；柱身上有24条凹槽；柱头部分由两层毛茛叶和涡卷图案组成，涡卷图案成对出现。（图9-13）

罗马塔司干柱式其实就是去掉柱身齿槽的简化版多立克柱式，柱础是较薄的圆环面。柱高与柱径的比例是7：1，柱身粗壮。（图9-14）

罗马混合式柱式是将科林斯柱式的顶端与爱奥尼柱式的涡卷相结合，使形状显得更为复杂、华丽。柱高与柱径的比例是10：1，显得纤细秀美。（图9-15）

图9-11　罗马多立克柱头与柱础

图9-12　罗马爱奥尼柱头

图9-13　罗马科林斯柱头

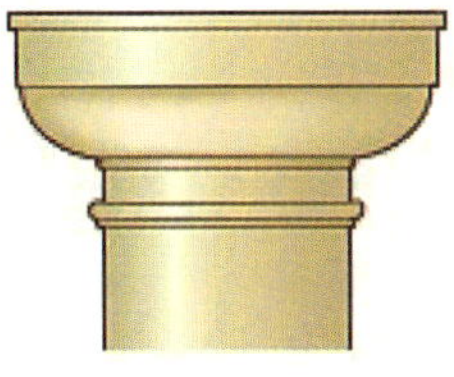
图9-14　罗马塔司干柱头

图9-15　罗马混合式柱头

二、拱券结构及组合

拱券，拱与券的合称，是一种优良的竖向承重结构。这种结构得益于混凝土材料的取得，创造了古罗马独特的建筑形式。

拱券结构赋予了罗马建筑崭新的艺术形象。首先是券洞，这种圆弧形的造型元素不同于古希腊的梁柱结构，它巧妙地融合了方形的柱式因素，组成了连续券和券柱式，构图丰富，适应性很强。（图9-16至图9-21）从三跨的凯旋门到几十千米的加尔输水道，拱券结构都是艺术造型的主角。（图9-22、图9-23）拱券结构改造了柱式，使柱式系统成了“贴”在拱券墙体外面的纯装饰部件。展现了古罗马对古希腊建筑艺术的继承和发展，丰富了古典建筑的内涵。

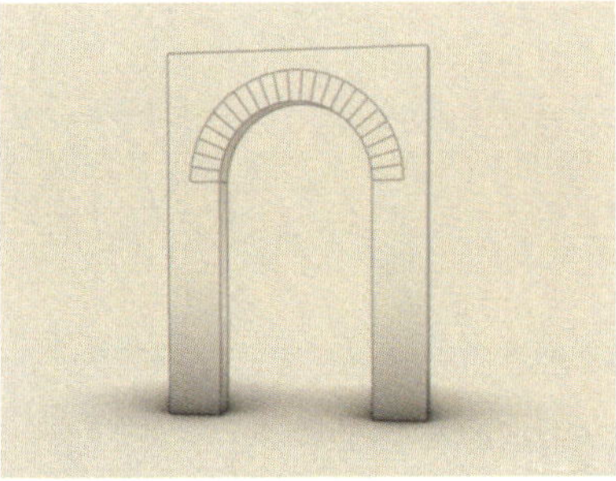
图9-16　券

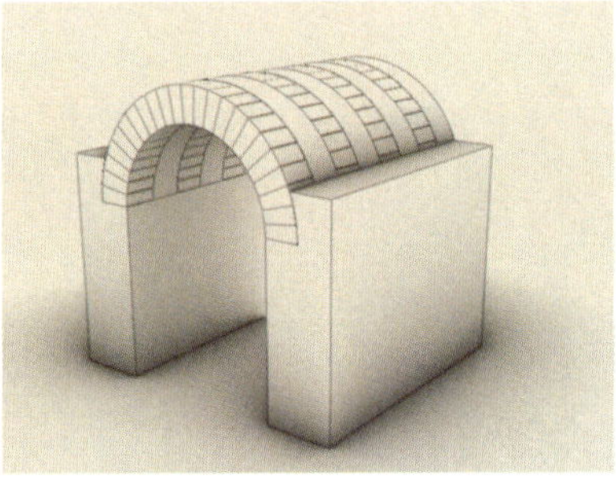
图9-17　砖券混凝土筒拱

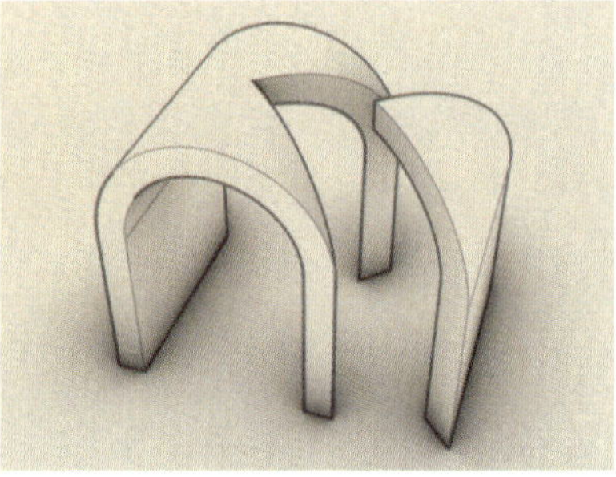
图9-18　切割筒拱

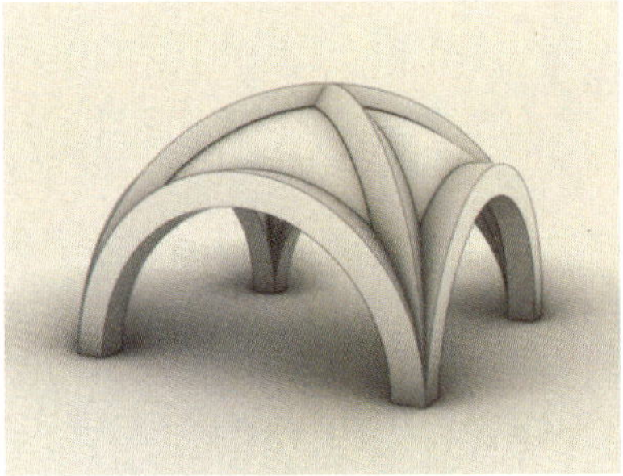
图9-19　肋架拱

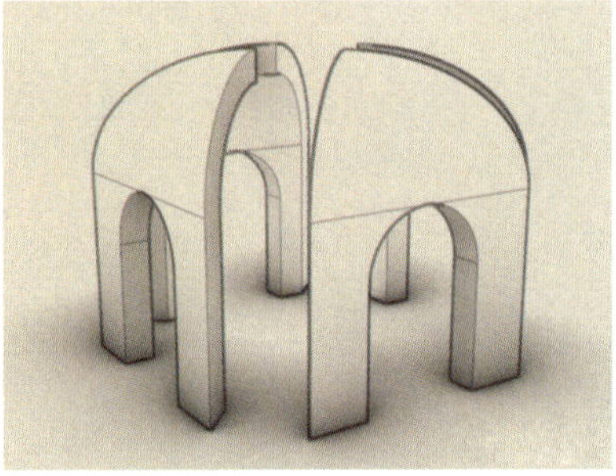
图9-20　四瓣拱

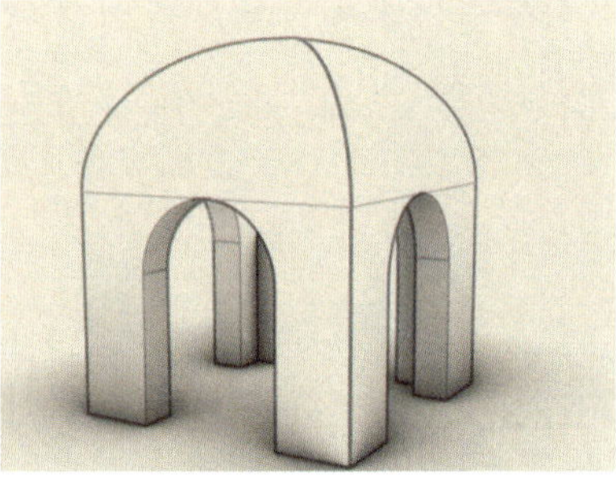
图9-21　墙上开券门

图9-22　凯旋门

图9-23　加尔输水道

三、典型案例：万神庙

万神庙是古罗马人膜拜众神的庙宇，是单一空间、集中式构图建筑的典范，也是罗马穹顶技术的最高代表。（图9-24）建筑主体是圆形的，顶上覆盖了一个直径43.3米的大穹顶。穹顶正中有个圆形大洞，直径8.9米，自然顶光照亮神庙内部，显得宏伟壮观并带有宗教的神秘气息。神庙内大厅中心地面微凸，以白色大理石为主拼成图案。

穹顶以混凝土浇筑而成，采用天然火山灰作为材料，再填充岩石做骨料，底部墙壁厚5.9米，从底部向上逐渐减薄，最上端厚1.5米。为减轻自重，穹顶内表面形成网格状方形凹格，每个凹格中安放一朵镀金的青铜花。这既减轻了结构重量，同时也起着一种装饰的作用。沿墙均布7个壁龛，正中为一个大门廊，门廊有三排列柱，柱身用红色花岗石，柱头以白色大理石制成，采用科林斯柱式，形象庄重肃穆。（图9-25）古希腊的庙宇，艺术表现力都在外部，而罗马万神庙主要以内部空间为艺术表现。有一句古谚说：“如果一个人到了罗马不去看它，那么，他来的时候是头蠢驴，走的时候还是一头蠢驴。”

图9-24　古罗马万神庙外观与内部空间

图9-25　古罗马万神庙大穹顶与剖面图

四、典型案例：大角斗场

大角斗场是古罗马帝国专供奴隶主、贵族和自由民观看斗兽或奴隶角斗的地方，又叫圆剧场，其形制脱胎于古希腊的剧场，是由两个半圆形剧场面对面拼接起来的。圆剧场最大的突破是依靠新技术的力量，把观众席用拱券结构架起来，不再依傍山坡地势。大角斗场位于罗马城中心，规模宏大，功能完善，结构合理，它的形制一直影响到现代的大型体育场。（图9-26）

图9-26　古罗马大角斗场复原图与剖面图

大角斗场长轴188米，短轴156米，周边长527米，观众座位以62%的坡度升起，约60排，分为四区。前面第一区是贵宾席，第二区是骑士席，第三区是富人席，最后面第四区是平民席。可同时容纳5万人。最高处有一圈柱廊，站着一些水手，他们可以像操纵风帆一样管理着绳索上的天篷，给观众遮阴。

中心表演区为椭圆形，长轴86米，短轴54米，奴隶们在这里表演角斗或斗兽。表演区与贵宾席前沿有5米多的高度差，可以从输水道引水，积水成湖后可以表演海战场面。表演区地板下面的地下室用厚厚的混凝土墙隔成小间，用来关猛兽、角斗士。（图9-27）

图9-27　古罗马大角斗场现状

支承观众席的是三层放射式排列的筒形拱和沿外圈回环的拱顶。每层有80个开口，与此相应，在立面上周圈成三层券洞。底层券洞是出入口，观众对号进入，顺着设在放射形拱内的楼梯登上预定的座位区，各区观众集散互不干扰。

立面各层用券柱式做装饰，总高48.5米。第一层用多立克柱式，第二层用爱奥尼柱式，第三层用科林斯柱式，第四层采用科林斯壁柱的实墙。由于层数较多，这种把柱式上下重叠起来使用，称为叠柱式。规范的要点是把比较粗壮、简洁的柱式放在底层，越往上越轻快华丽，符合力学的原理。（图9-28）

图9-28　古罗马大角斗场外立面

古罗马大角斗场的壮丽给人留下强烈的印象，但在随后1900多年间，不断遭到地震的破坏、人为的破坏，直至19世纪才又开始近代的修复和保护工作，让这座伟大的纪念碑得到平静。

五、典型案例：卡拉卡拉浴场

古罗马浴场是一种多功能综合性的建筑。里面除了洗浴场外，还有演讲厅、音乐堂、图书馆、棋牌室、画廊、商店、小吃铺、健身房等，丝毫不亚于现代的大型休闲中心。门票价格十分低廉，一个市民可以从早到晚在浴场里消磨时光，也有人在那里交际谈生意。

217年建成的卡拉卡拉浴场，内部可容纳近2000人。浴场占地16万平方米，长375米，宽363米。浴场内分为冷水、温水、热水浴室和蒸汽室及更衣室。从残存的马赛克镶拼地板、直径30米的浴池、高达30米的墙壁，可以想象当时规模宏大、贵客云集的场面。（图9-29）浴场的供暖采用火炕系统，这是罗马人一项独特的发明，利用热水来给地板加热。除了温度各异、用途不同的浴室之外，浴场内设有图书馆、健身房、花园和会议室等空间。（图9-30）锅炉房、仓库、奴隶和仆役休息室都在地下，内部设有

图9-29　卡拉卡拉浴场剖立面复原图

图9-30　卡拉卡拉浴场室内局部

过道，奴隶和仆役们由此到浴场各部分去服务，保持浴客们眼前清净。浴场是古罗马人社交生活的重要组成部分。（图9-31）

卡拉卡拉浴场的装饰十分豪华，墙上贴着大理石板，地上满铺镶嵌画，精致的壁龛里陈设着雕像，柱子都是大理石的，大量使用了最华丽的复合柱式，可称为一个艺术品的宝库。（图9-32）

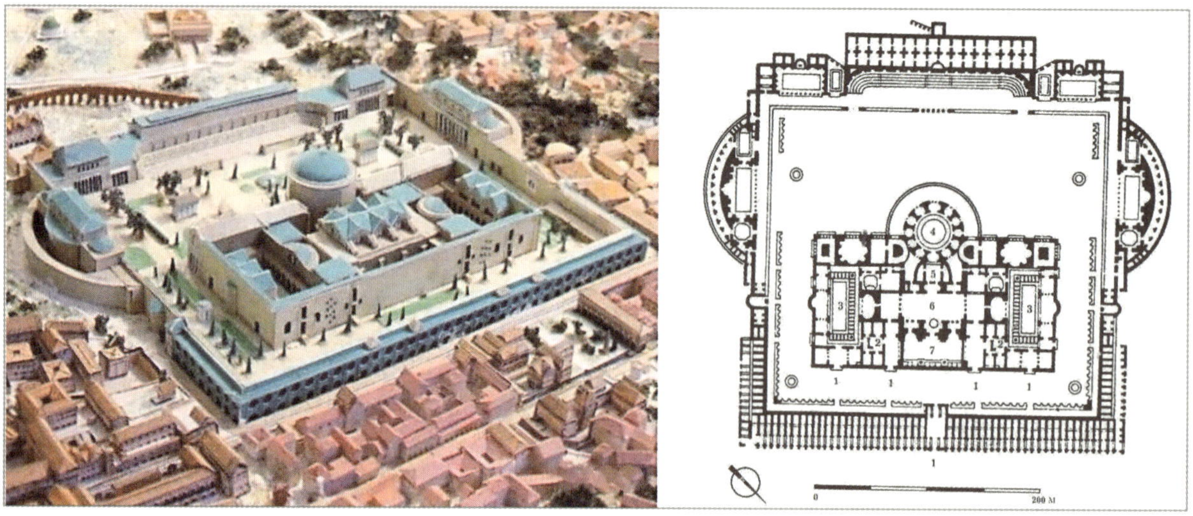

图9-31　卡拉卡拉浴场复原模型及平面图

图9-32　卡拉卡拉浴场现状

10

第十章

欧洲中世纪建筑

课前练习小测

1. 教堂建筑只是用来举行婚礼的吗？还有其他功能吗？

2. 你心目中的教堂是什么样子的？形容一下教堂建筑都有哪些特征。

3. 巴黎有一座教堂，在很多电影中都出过镜，你知道这座“明星教堂”的名字吗？

395年，以基督教为国教的罗马分裂成东、西两个帝国。（图10-1）意大利和它以西的部分为西罗马，首都在罗马城；以东部分为东罗马，首都在君士坦丁堡。西罗马在5世纪中叶被一些经济文化都很落后的民族灭亡，东罗马则发展为封建制的拜占庭帝国。这个时期的欧洲没有一个强有力的集中政权来统治，基督教控制着人们的精神生活，也控制着现实生活的一切。宗教建筑在这个时期成了唯一的纪念性建筑，大小石砌的教堂数量惊人，是宗教建筑成就的最高代表。但东、西罗马教堂在形制、结构和艺术上都不同，分别发展成为两个建筑体系。

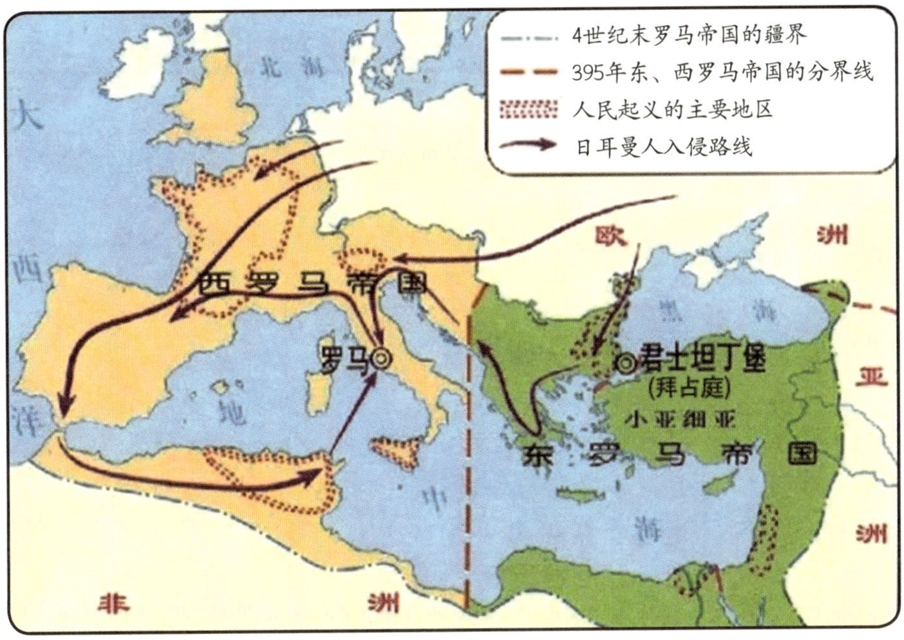

图10-1　罗马帝国分裂的版图

第一节　拜占庭建筑

拜占庭帝国，即东罗马帝国，以古罗马的贵族生活方式和文化为基础，世俗性很强，大量古希腊和古罗马文化被保存和继承下来。同时，由于地理关系，它又汲取了波斯、两河流域、叙利亚等东方文化，形成了自己的建筑风格，有着独特的艺术特征。

其特征一，大量应用穹隆顶。创造了把穹隆顶支承在四个或更多的独立支柱上的结构方法。几乎所有的公共性建筑，特别是教堂，都用穹隆顶。特征二，建筑的集中性。以最大穹隆空间为中心，周围围绕许多小空间。这个高大的穹隆顶，就成了教堂建筑的构图中心，这种形制，称为“集中式”。（图10-2）同时发明了帆拱来解决下部立方体空间和上部圆形底边之间的衔接问题。平面使用希腊“十”字形。中央的穹隆顶和它四面的筒形拱成等臂的“十”字形。（图10-3）

教堂室内平整的墙面贴彩色大理石板，拱券和穹隆顶表面则饰以马赛克或者水粉画。大量宗教题材的壁画使得教堂内部色彩非常富丽。（图10-4）同内部的华美精致相反，教堂的外观很朴素，大多是红砖。

拱券、拱脚、穹隆顶底边、柱头、檐口和其他承重或转折的部位用石头砌筑，利用这些石头的特

点，在它们上面做雕刻装饰，题材以几何图案或程式化的植物纹样为主。（图10-5）

典型案例：圣索非亚教堂。

圣索非亚教堂，是拜占庭帝国极盛时代的纪念碑，为君士坦丁大帝供奉智慧之神索非亚修建，后受损于战乱，537年设计重建。1453年以前，一直是拜占庭帝国的主教堂，此后被土耳其人占领，改建成为清真寺。（图10-6）

图10-2 穹隆顶及集中式示意图

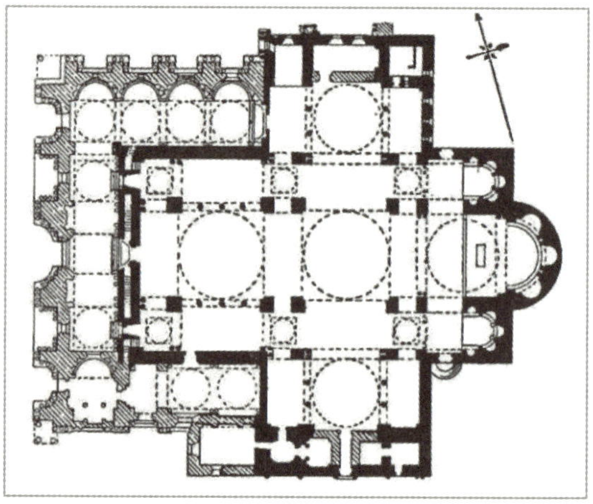
图10-3 圣马可教堂希腊“十”字形平面

图10-4 查士丁尼大帝马赛克和教堂壁画

图10-5 各种柱头雕刻

图10-6 圣索非亚教堂

圣索非亚教堂是集中式建筑，东西长77米，南北宽71米。中央穹隆突出，四面体量相仿但有侧重，前面有一个大院子，正南入口有两道门庭，末端有半圆神龛。中央大穹隆，直径32.6米，高15米，穹隆顶离地面54.8米，通过帆拱支承在4个大墩柱上。其横推力由东西两个半穹隆顶及南北各两个大墩柱来平衡。（图10-7）

穹隆底部密排着一圈40个窗洞，教堂内部空间饰有金箔做底的彩色玻璃镶嵌画。装饰地板、墙壁、廊柱的是五颜六色的大理石，柱头、拱门、飞檐等处以雕花装饰。教坛上镶有象牙、银和玉石，大主教的宝座以纯银制成，祭坛上悬挂着丝与金银混织的窗帘，上有皇帝和皇后接受基督和玛利亚祝福的画像。（图10-8）

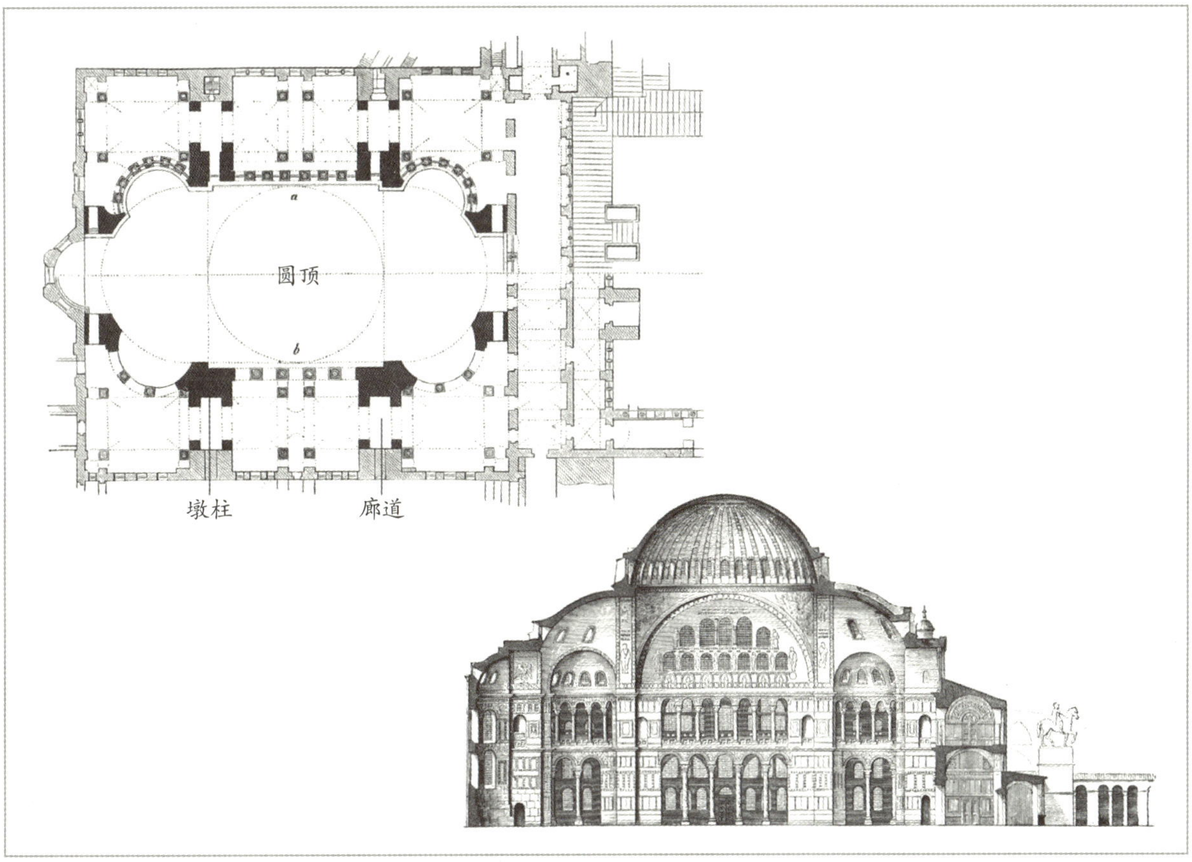

图10-7　圣索非亚教堂平面及剖立面图

图10-8　圣索非亚教堂室内

第二节 哥特式建筑

哥特式建筑，是12—13世纪西欧建筑一个新的高峰。主要以法国的城市主教堂为代表。其建筑形态高而直，具有复杂的结构和华丽的装饰，尖形拱门、肋状拱顶与飞拱是标志性特点。与庄严肃穆的古希腊神庙不同，哥特式教堂显示出一种神秘崇高的气势。

哥特式教堂使用骨架券作为拱顶的承重构件。拱顶减轻，侧推力也小多了，连带着垂直承重的墩子也细了一些。骨架券使各种形状复杂的平面都可以用拱顶覆盖。教堂外侧使用飞券（飞扶壁）抵抗侧推力。（图10-9）其结构像是人的肋骨一样的框架系统支撑，这样做的好处是使哥特式建筑的墙壁和屋顶更轻薄，在结构上可以搭建得更高。因为墙壁的进一步解放，充满标志性的漂亮的玻璃大花窗诞生了。

哥特式教堂全部使用双圆心的尖券和尖拱。教堂越高便越接近上帝，给予教徒的震撼力便越强。为使教堂更高，中世纪的能工巧匠便将罗马人的圆拱转换为尖拱，尖拱的施工难度大，更为陡峭垂直。（图10-10）尖券和尖拱的侧推力比较小，有利于减轻结构重量，能把建筑向上挑得更高。教堂内部空间越高，越吸引信徒的目光往上走，更容易满足人们对于天国的向往。（图10-11）

哥特式教堂立面往往设计成高高的塔尖直插云霄，不仅象征着上帝的荣光，更是一座城市、一个王国的骄傲。（图10-12）教堂的平面采用拉丁十字式，这种构图，符合基督教圣物十字架的寓意。（图10-13）

图10-9 飞券结构图与骨架券

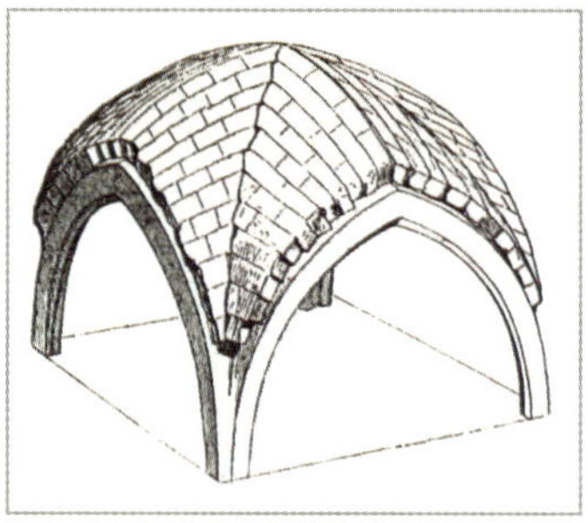

图10-10 尖十字拱

图10-11 尖拱室内

彩色玻璃大花窗是哥特式教堂最具特色的装饰。（图10-14）中世纪时期工业水平不发达，还没有大面积生产透明玻璃的技术。这时候的玻璃总是杂质很多、五颜六色。但彩色玻璃大花窗却化不利为有利，采用拼贴画的手法将彩色玻璃做成了协调的几何造型和《圣经》故事。光透过花窗上的彩色玻璃形成漫反射，营造出五光十色、富有神圣感的空间氛围。窗上的图画大多是《圣经》故事，内容非常世俗化，不识字的信徒们也能直观了解教义，教会把彩色玻璃大花窗称作“傻子的《圣经》”。

典型案例：巴黎圣母院。

巴黎圣母院坐落在法国塞纳河中央的西堤岛上，是世界驰名的天主教堂，为欧洲早期哥特式建筑和雕刻艺术的代表，集宗教、文化、建筑艺术于一身。在影视剧中多次出现，是最上镜的一座明星艺术殿堂。（图10-15）

图10-12

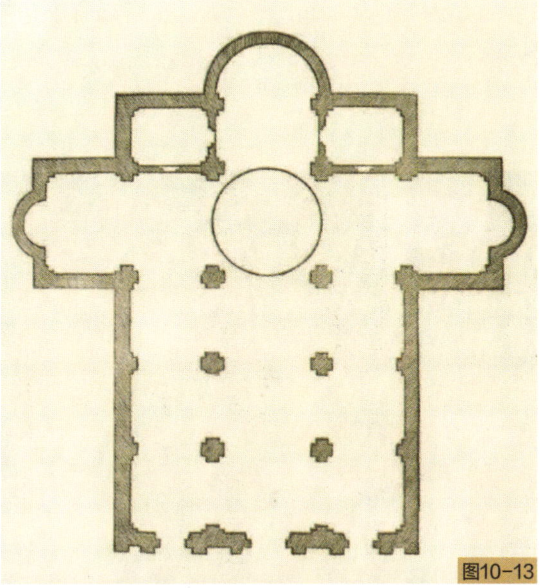
图10-13

图10-14

图10-12　德国科隆大教堂

图10-13　拉丁十字式平面

图10-14　彩色玻璃大花窗

教堂深约125米，宽47米，尖塔总高达90米，能容纳近万人。西立面为巴黎圣母院主立面及正门，建造时采用了欧洲传统的“和谐立面”形式，即对称的三面立面，呈立方体形状，上下分为3层，宽43.5米，高45米，一对塔楼高约60米，内置青铜钟；底部设有3个入口，尖券形门洞，称为“透视门”。门上装饰有许多《圣经》人物形象；上部为国王画廊，是教堂底层与中层的分界线，高20米，由28个人物形象组成，每一个拱券中都雕有一尊国王雕像。立面设有露台，中心为直径9.6米的玫瑰花窗。

巴黎圣母院的内部并排着两列长柱子，柱子高达24米，直通屋顶。两列柱子距离不到16米，而屋顶却高35米，从而形成狭窄而高耸的空间，给人以向天国靠近的幻觉。主殿四周，连拱廊上方是一带双层窗户的走廊，在它之上是大窗子，透过这些窗子，一束束光线宁静地射进教堂内。（图10-16）

祭坛、回廊、门窗等处的雕刻和绘画艺术具有极高的历史文化价值和享有蜚声中外的世界声誉。虽然这是一幢宗教建筑，但它闪烁着法国人民的智慧。

令人惋惜的是，2019年巴黎当地时间4月15日下午，正搭起脚手架进行维修工程的巴黎圣母院遭遇大火，滚滚浓烟遮蔽了塞纳河畔的天空。教堂的主体结构和两座标志性的塔楼所幸在大火中保存完好，但尖塔的三分之二已被损毁。

图10-15　巴黎圣母院

图10-16　巴黎圣母院内部

11

第十一章

欧洲资本主义萌芽与绝对君权时期建筑

课前练习小测

1. 图中的建筑被称为“文艺复兴时代到来的第一朵报春花”，它的名字是什么？

2. 你知道拿破仑眼中的“欧洲最美丽的客厅”在哪儿吗？

3. 在现代室内设计中，常会出现以下装饰装修风格，你怎么评价它？

第一节　文艺复兴时期建筑

哥特式建筑出现后，标志着西欧中世纪已经到了晚期，神权不再笼罩一切，人文主义觉醒了。文艺复兴源于意大利，是14世纪到17世纪的一场反映新兴资产阶级反封建要求的欧洲思想文化运动，提倡人文主义，提倡世俗，反对宗教神学的禁锢，从古希腊、古罗马的文化和艺术中去寻找形式来表现这种精神。文艺复兴建筑被认为是西方中世纪建筑文化的春天，无论教堂、公共建筑还是民居府邸等，都反映出这种精神。重新注重古典柱式比例，半圆形拱券，以穹隆为中心的建筑形体等。市政厅、学校、市场、育婴堂之类的世俗性建筑得到很大的发展，城市广场和园林方面也取得成就，新的设计手法纷纷出现，多种建筑理论著作相继问世。

一、佛罗伦萨大教堂的穹隆顶

佛罗伦萨大教堂也称圣母百花大教堂，意大利文艺复兴建筑的历史是从这个教堂的穹隆顶开始的。（图11-1）它的设计和建造过程、技术成就和艺术特色，都体现着新时代的进取精神，被称为“文艺复兴时代到来的第一朵报春花”。穹隆顶由伯鲁乃列斯基设计，综合考虑了古罗马建筑形式与哥特式结构并加以创新，用八边形穹隆顶覆盖，平面直径达42.2米，为了突出穹隆顶，砌了12米高的一段鼓座支撑，墙高超过了50米，连同采光亭在内，总高107米。构架穹面分为内外两层，中间呈空心状；采用骨架券，双层穹隆顶内上下有两条走廊供人登上采光亭。（图11-2）

穹隆顶的施工也是一项伟大成就。穹隆顶非常高，据记载脚手架搭得十分简洁又适用。伯鲁乃列斯基创造了一种垂直运输机械，大大节省了人力。被别人认为100年也造不了的穹隆顶在几十年就建造完成。穹隆顶的形象一反古罗马与拜占庭半露半隐的形制，结构完全暴露在外面，成为整个城市轮廓线的中心。

图11-1　佛罗伦萨大教堂

图11-2　佛罗伦萨大教堂穹隆顶

二、文艺复兴时期的重要建筑类型

1. 府邸建筑

文艺复兴时期，最能实现建筑师个人风格的建筑是府邸。资本主义发展，大量豪华府邸迅速建设，这些建筑大多是四合院，一般为三层，临街建造。平面构图紧凑、整齐，不像中世纪堡寨那样由几个独立的部分组合在一起。

美第奇府邸，外形上只突出一个临街的正立面，为了追求壮观的形式，全用粗糙的大石块砌筑，非常沉重封闭，风格威严高傲，不再像中世纪那样自由活泼。窗子也大小一致，排列整齐。建筑高将近27米，檐口挑出1.85米，同内部房间的实用需要很不协调。府邸内院底层的四周是三开间的宽大的连续券廊，比较轻快，但柱子粗壮，以求与外立面呼应。（图11-3）

图11-3　美第奇府邸内院及外观

2. 教堂建筑

在罗马，文艺复兴盛期的建筑创作多依附于教廷和教会贵族。罗马的坦比哀多教堂是这一时期纪念性风格建筑的典型代表，设计人为伯拉孟特。（图11-4）

坦比哀多教堂是一座集中式的圆形建筑物，饱满的穹隆顶，圆柱形的鼓座，外加一圈16根多立克式柱廊，高3.6米，显得十分雄健刚劲，体积感很强。连穹隆顶上的十字架在内，总高为14.7米，有地下墓室。

坦比哀多教堂建筑虽小，但有很强的层次感，富有多种几何体的变化，虚实映衬，构图丰富。这种以穹隆顶统率整体的集中式形式，在西欧是前所未有的大幅度的创新，当时赢得了很高的声誉，被称为经典的作品。从欧洲到北美，几乎到处都有它的仿制品，大多用在大型公共建筑的中央，构成城市的整体轮廓线。

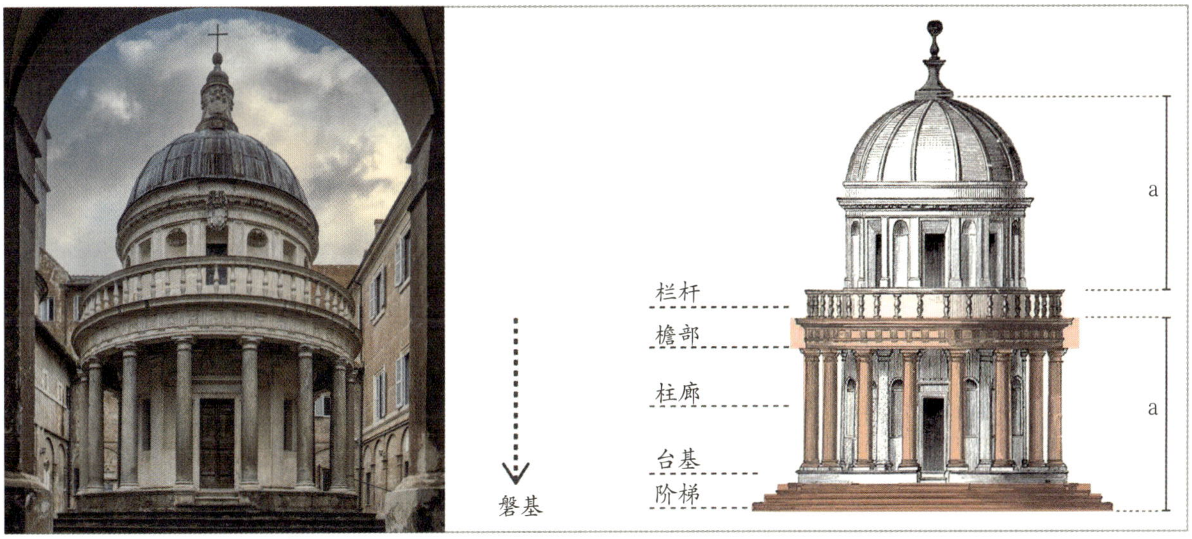

图11-4　坦比哀多教堂

3. 城市和广场建筑群

城市的改建在文艺复兴时期注重建筑物之间的联系，追求整体性的庄严对称效果。广场建设在这一时期得到很大的发展。按性质可分为集市活动广场、纪念性广场、装饰性广场、交通性广场。按形式分为长方形、圆形、椭圆形广场以及不规则形、复合式广场等。广场一般都有一个主题，四周有附属建筑陪衬。早期广场周围布置比较自由，空间多封闭，雕像常在广场一侧；后期广场较严整，周围常用柱廊，空间较开敞，雕像往往放在广场中央。

威尼斯的圣马可广场，是世界上较卓越的建筑群之一，19世纪法国皇帝拿破仑曾称赞其为“欧洲最美的客厅”。广场四周的建筑都是文艺复兴时期的精美建筑。（图11-5）

圣马可广场，一直是威尼斯的政治、宗教和传统节日的公共活动中心。它坐落在市中心，南邻海边，由三个梯形广场组合而成。主要建筑有总督府，圣马可大教堂，圣马可钟楼，圣马可图书馆，新、旧市政大厦等。两个梯形广场垂直对角相连，呈非对称式。主广场（图11-6）在教堂的正面，封闭式，周围是下有券柱式回廊的房屋，为行政宗教商业中心。次广场（图11-7）在教堂南面，两根柱子划出了广场与海的界线，是视觉中心的限定。教堂北面还有一个小广场，为市民休憩的场所，建筑群的中心是圣马可大教堂。利用透视法，梯形广场可以形成良好的视觉效果。

三个广场运用了统一的母题，即券廊围合，有节奏、有主题。钟楼与新市政大厦中间的空隙是为了让人看见主广场外横向沿海边的另一个小广场，起衔接作用。钟楼的垂直控制，在构图上起到统一全局的作用。

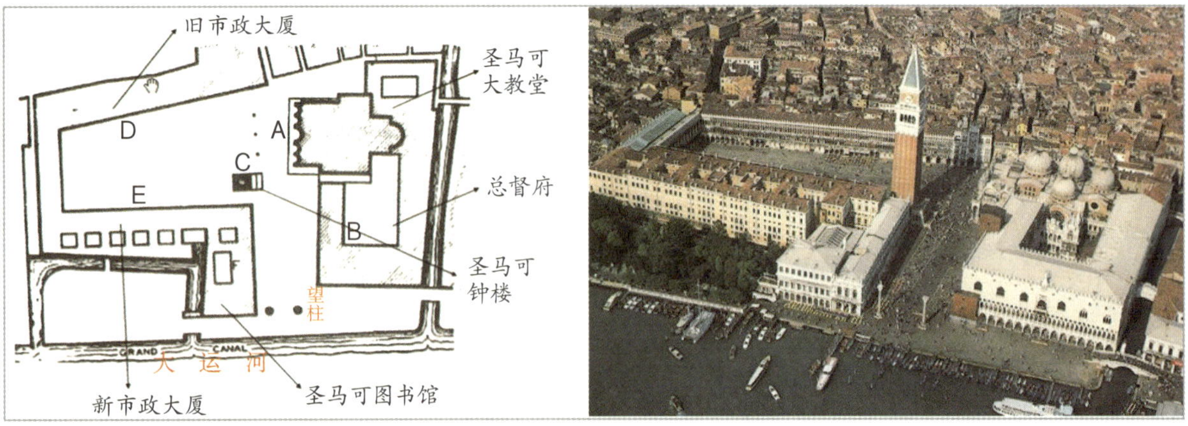

图11-5　圣马可广场平面图与鸟瞰图

图11-6　圣马可广场主广场空间

图11-7　圣马可广场次广场空间

第二节　巴洛克风格建筑

17世纪以树立人的尊严、确信人的价值和能力为基本内容的文艺复兴运动结束后，两股新的文化潮流代之而兴，一股是巴洛克，另一股是古典主义。

“巴洛克”原意是畸形的珍珠，后衍生为一切杂乱、奇异、不规则、流于装饰的代名词。从17世纪30年代起，意大利教会财富日益增加，各个教区先后建造巴洛克风格的教堂。这种风格冲破了文艺复兴晚期古典主义者制定的种种清规戒律，反映了向往自由的世俗思想。巴洛克建筑也确实体现了这一点，其特点是外形自由，追求动态；室内喜好富丽的装饰和雕刻、强烈的色彩，常用曲面和椭圆形空间，用直观的感召力给教堂、府邸的使用者以震撼。

罗马耶稣会教堂由文艺复兴后期的建筑师维尼奥拉设计，被认为是第一座巴洛克风格建筑。（图

11-8）罗马耶稣会教堂整个立面呈上小下大的不规则形状，而且全部由华丽的科林斯方形壁柱装饰，还出现了若隐若现的不完整倚柱形式，檐部和山花做成重叠的弧形和三角形，设有虚实相间的开窗与壁龛。教堂最超出常规的是上层左右对称设置了两对巨大涡卷，处理手法别开生面。当这座有着独特面貌的教堂一出现，随即成为人们争相效仿的对象。在很多小教堂中，建筑立面的修饰变得更为大胆和突出了。

随着小型教堂的大量建造，罗马城的教堂已经足够容纳所有的信徒，新建的教堂已经不是为实际的宗教仪式需要，而仅仅是一种纪念物，甚至是一种城市装饰，用来炫耀教会的胜利和富有。由于规模很小，拉丁十字式的形制就不合适了。因此采用集中式的，新的小教堂有圆形、椭圆形、六角星形、圆瓣十字形、梅花形等形状。常常玩弄曲线、曲面，使用空间界面像波浪一样起伏流动，很难确切地把握它们的形象。波洛米尼设计的圣卡罗教堂是晚期巴洛克式教堂的代表作。（图11-9）

图11-8　罗马耶稣会教堂外观及室内

图11-9　圣卡罗教堂外观及室内

圣卡罗教堂位于罗马市内街区一个拐角处，地段促狭。建筑布局十分巧妙，其设计摒弃了文艺复兴时期惯用的严格的几何构图，室内外几乎没有直角，全部是曲线。外立面极尽曲折变换，波浪形檐部前后高低起伏，凹面、凸面与圆形倚柱相互交织。内部空间凹凸分明并富于动感，中厅平面由一个椭圆与四个叶瓣形以曲线对接而成。顶部天花是几何形的藻井形，来自夹层穹隆顶的光源使室内光影变化强烈。

第三节　法国古典主义建筑

法国古典主义建筑与意大利巴洛克建筑大致同时出现而略晚，是法国绝对君权时期的宫廷建筑潮流。新潮流的倡导者是国王，宫廷文化占据了主导地位，开始竭力崇尚古典主义建筑风格，利用建筑体现君王权威。古典主义建筑造型严谨，普遍应用古典柱式，强调柱式必须遵守古罗马的规范，内部装饰丰富多彩。在总体布局、建筑平面与立面造型中强调轴线对称、主从关系，突出中心和规则的几何体，提倡富于统一性与稳定感的横三段和纵三段构图手法。法国古典主义建筑多是规模巨大、造型雄伟的宫廷建筑与园林。

虽然古典主义讲求理性、清晰和稳定，抵制了意大利巴洛克艺术的传入，但是君王们喜好奢华、喜好炫耀，鼎盛时期的古典主义建筑，也汲取了许多巴洛克艺术的理念和手法。

一、宫廷建筑

17世纪初，宫廷在各方面都建立了严密的统治制度。建筑的首要任务是荣耀君主，进行的大规模宫殿建设主要集中在巴黎。法国古典主义建筑的代表作品有巴黎罗浮宫、凡尔赛宫等。

巴黎罗浮宫原是法国的王宫，居住过50位法国国王和王后，以收藏丰富的古典绘画和雕刻而闻名于世，现为博物馆，是法国古典主义建筑里程碑式的作品。（图11-10）建筑东立面全长约172米，高28米。整个立面形成“横三段、纵三段”式构图。横向中央三间凸出，上设山花，统领全局。两端各有一凸出体，作为结束。左右两中段略低一级，不设山花，主轴线很明显。纵向按照一个完整的柱式分作三部分：底层是基座，高9.9米；中段是两层高的巨柱式柱子，高13.3米；再上面是檐部和女儿墙，层次丰富，追求稳定感和理性。整个立面构图层次明确，有起有止，有主有从，构成统一整体，反映了封建等级秩序，是对立统一法则在构图中的成功运用。

图11-10　巴黎罗浮宫东立面

凡尔赛宫，最初是国王路易十三的狩猎行宫，为三合院，两层建筑仅有26个房间。路易十四时代扩建成为欧洲最大的宫殿，是当时国家的政治中心。现如今拥有2300个房间，67个楼梯和5200余件家具。宫殿为古典主义风格建筑，立面为标准的古典主义横纵三段式处理，建筑左右对称，造型轮廓整齐、庄重雄伟，被称为理性美的代表。（图11-11）其内部装潢以巴洛克风格为主，少数厅堂为洛可可风格。（图11-12）

王宫宫殿中的大小殿厅装修得富丽堂皇，五彩的大理石墙壁光彩夺目，巨型的水晶灯如瀑布般倾泻而下，内壁和宫殿圆顶上布满的西式油画仿佛在诉说着昔日国王的赫赫战功。

图11-11　凡尔赛宫西立面局部

图11-12　凡尔赛宫内部

二、园林建筑

古典主义者不欣赏自然的美，理论家们认为艺术高于自然，所以几何形园林平面布局盛行。一般是规则式的，强调几何轴线，反映有组织、有秩序的古典主义原则，在自然中强加于人的意志。

很多人认为，路易十四时代的代表性艺术不是建筑、绘画与雕刻，而是园林。凡尔赛宫南北长400多米，正面朝东，园林部分在宫殿的西侧。凡尔赛宫东面是凡尔赛市，规模不大，从宫殿之东放射三条笔直的林荫道，中央一条通向市区，其他两条道路通向另外两座离舍。中央的道路与后面的园林的主轴线遥遥相接。宫殿在正中高地上，体现了王权一方面统治城市，另一方面统治乡村。（图11-13、图11-14）

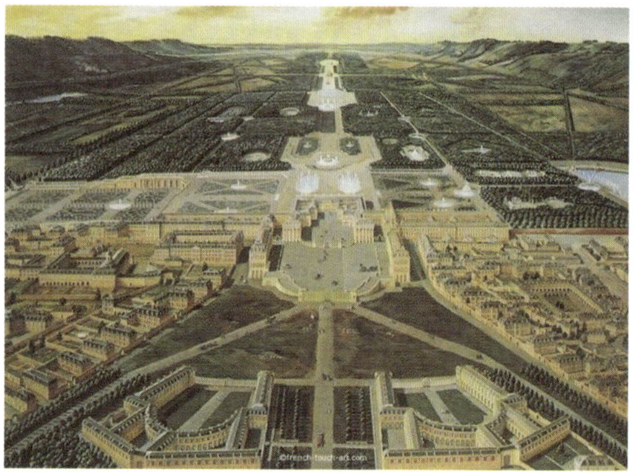

图11-13　凡尔赛宫东侧

图11-14　凡尔赛宫西侧

凡尔赛宫园林是世界上较大的宫廷园林，其设计布局极尽奢华。园林从南到北分为三部分，南北两部分是花坛，中部是水池。跑马道、喷泉、水池、假山、花坛、亭台楼阁一起，有统一的主轴、次轴、对景，构筑整齐划一。园内树木花草别具匠心，景致美不胜收。与中国古典的皇家园林有着截然不同的风格，它完全是人工雕琢，极其讲究对称和几何图形化。（图11-15、图11-16）

图11-15　凡尔赛宫园内绿化

图11-16　凡尔赛宫园内喷泉

第四节　洛可可风格

洛可可式建筑风格，于18世纪20年代产生于法国并流行于欧洲，是在巴洛克式建筑的基础上发展起来的，主要表现在室内装饰上。洛可可风格反映了法国路易十五时代宫廷贵族的生活趣味，追求纤巧精美、浮华烦琐，也称为“路易十五式”。

洛可可装饰细腻柔媚，常常采用不对称手法，喜欢用弧线和“S”形线，尤其爱用贝壳、旋涡、山石作为装饰题材，卷草舒花，缠绵盘曲，连成一体。天花和墙面有时以弧面相连，转角处布置壁画。为了模仿自然形态，室内建筑部件也往往做成不对称形状，变化万千。室内护壁板有时用木板，有时做成精致的框格，框内四周有一圈花边。色彩娇艳，象牙白和金黄是其流行色。（图11-17）一般的室内墙面粉刷，爱用嫩绿、粉红、玫瑰红等，线脚大多用金色。光泽闪烁，经常使用玻璃镜、水晶灯强化效果。（图11-18）

图11-17　凡尔赛宫王后寝宫

图11-18　凡尔赛宫洛可可风格客厅

法国凡尔赛宫二楼有一个镜厅，又称镜廊，被视为法国路易十四国王王宫中的一件“镇宫之宝”，其装修设计就是洛可可风格，它也是凡尔赛宫中最奢华、最辉煌的部分。厅长76米，宽10米，高13米，镜厅墙壁上镶有17面巨大的镜子，这些镜子由483块镜片组成，反射着金碧辉煌的穹隆顶壁画。镜子对着视野极好的17扇拱形落地大窗，透过窗户可以将凡尔赛宫后花园的美景尽收眼底，这里是路易王朝接见各国使节时专用的场所。（图11-19）

图11-19 凡尔赛宫镜厅内部

12

第十二章

欧美资产阶级革命时期建筑

课前练习小测

1. 图中的建筑被称为“水晶宫”，你知道为什么吗？

2. 英国大本钟从 2017 年 8 月 14 日开始 4 年内不敲响，为何有人欢喜有人愁？

3. 1889 年埃菲尔铁塔完美竣工，当时带头签署建塔抗议书的大作家莫泊桑却经常光顾铁塔第二层的餐厅吃饭，这是为什么呢？

18世纪中叶以后，世界进入了另一个阶段，英国带领西方开始了工业革命。欧洲的文化史头绪纷杂，很难像以前那样，可以用“哥特”“文艺复兴”“巴洛克”等来描绘几乎整个欧洲的一个时代、一种风格，也难以用几座典型的建筑来代表一个历史时期建筑的特点和成就。

造成这种现象的原因有很多，一是经济的发展加快了文化的发展速度，随着交流的广泛，人们的思想开阔，较难形成一种固定唯一的主流建筑风格；二是国家之间有冲突，为了各自的利益，民族独立意识加强，文化自觉的意识也加大；三是资产阶级革命改变了社会结构，每个国家内部的文化呈多元化发展。

由于思想上的理性主义与工业上的机械化模式，使艺术家对现实世界产生了厌恶之感，反而更怀念往昔文明。不同国家革命的程度、工业发展的程度均有所不同，建筑风格也不统一。但大致上可以分为三个方向：以法国为中心的古典复兴，以英国为中心的浪漫主义，以美国为中心的折中主义。

另外，工业革命为现代建筑提供了新的建筑材料和新的建造技术。钢铁和玻璃在现代建筑中起着重要的作用。新建筑形象的出现，是适应社会发展的结果。

第一节　古典复兴建筑

古典复兴，以法国为中心，主张向古希腊、古罗马时期的建筑实物学习。追求人体美尺度，强调外形的端庄与雄伟，立面造型强调统一与稳定。典型案例为法国的巴黎雄狮凯旋门。（图12-1）

雄狮凯旋门位于巴黎市中心戴高乐广场（又名明星广场）中央，是世界上最大的一座凯旋门，也是巴黎市四大代表建筑之一。凯旋门高49.54米、宽44.82米、厚22.21米，中心拱门高36.6米、宽14.6米。在凯旋门两面门墩的墙面上，有4组以战争为题材的大型浮雕：出征、胜利、和平和抵抗。凯旋门的四周都有门，门内刻有跟随拿破仑远征的386名将军和96场胜战的名字，门上刻有1792年至1815年间的法国战事史。巴黎市区12条大街都以凯旋门为中心，向四周呈放射状，气势磅礴，为欧洲大城市的设计典范。（图12-2）

图12-1　巴黎雄狮凯旋门

图12-2　以凯旋门为中心的戴高乐广场

第二节　浪漫主义建筑

浪漫主义是欧美一些国家在文学艺术中的浪漫主义思潮影响下流行的一种建筑风格。其主要特点是发扬个性自由、提倡自然天性，用中世纪手工业艺术的自然形式来反对资本主义制度下用机器制造出来的工艺品，以此与古典艺术抗衡。在建筑形式上表现为模仿中世纪的堡寨或哥特式风格，或追求非凡趣味和异国情调，又称“哥特式复兴”，这种复兴不仅适用于教堂，也出现在学校和其他世俗性建筑中。典型案例为威斯敏斯特宫。（图12-3）

图12-3　威斯敏斯特宫

威斯敏斯特宫是1840年在中世纪遗迹原址上重建的，又称英国议会大厦，是世界上最大的新哥特式建筑，也是英国的国家名片。

威斯敏斯特宫东临泰晤士河，正门朝西，主体建筑是前后三排长达287米的宫殿大楼，两端和中间由7座横楼连接。（图12-4）该建筑包括约1100个独立房间、100座楼梯和4.8千米长的走廊。宫殿西南角和东北角各有一个高塔。西南角的维多利亚塔高102米，长宽各22.9米，全部为石质结构，内部共分11层，因其防火性能强，所以被用来存放议会的重要文件档案。塔顶的旗帜升起时，表示议会正在开会。

东北角的方形尖塔是一座96米高的钟楼，塔顶有一口闻名全球的大本钟（图12-5），又名“伊丽莎白塔”。钟楼建于1856年，大钟重13.5吨，直径7米，钟摆重305公斤。每走一小时，大钟就会报时一

图12-4　威斯敏斯特宫鸟瞰图

图12-5　大本钟

次，洪亮的钟声通过英国广播公司的广播网传遍世界。大本钟有四个钟面，每个钟面各由312块乳白色玻璃镶嵌而成。因大钟的监制人为本杰明爵士，为纪念他的功绩取名为“大本钟”。

2017年8月14日，英国国会下议院宣布，国家要对大本钟进行长达4年的维修，也就是在2021年前，除了除夕夜等重要时间外，大本钟将不会再发声。英国政府对于大本钟的保护举措，是对古老建筑的高度负责，因为它是一笔不可再生的财富。

第三节　折中主义建筑

折中主义，是一种倾向于将欧洲历史上各式各样的风格杂糅在一起的建筑形式。随着社会的发展，需要丰富多样的建筑来满足各种不同的要求。因此，多种建筑风格的特征元素被自由组合，古希腊、古罗马、哥特式甚至是东方元素，都被拿来根据不同的需求和喜好拼凑在一起，因而也被称为“集仿主义”。但建筑师们不拘一格的同时，也追求比例均衡和形式美观。毕竟设计师们还是经受过审美的训练，很多建筑即便是拼凑，对美学的把控和形式的推敲还是做得非常好的，也诞生了许多折中主义的经典作品。典型案例为巴黎歌剧院。（图12-6）

巴黎歌剧院，又称为加尼叶歌剧院，坐落于法国巴黎。剧院内有着全世界最大的舞台，可同时容纳450名演员，拥有2200个座位。富丽堂皇的休息大厅堪与凡尔赛宫大镜厅相媲美，室内装潢豪华，墙壁和廊柱布满雕塑、挂灯、绘画，艺术氛围十分浓郁，是观众休息、社交的理想场所。该建筑将古希腊罗马式柱廊、巴洛克等几种建筑形式完美地结合在一起，规模宏大，精美细致，被誉为一座绘画、大理石和金饰交相辉映的剧院。（图12-7）

图12-6 巴黎歌剧院外观

图12-7 巴黎歌剧院室内

第四节 钢铁与玻璃建筑

19世纪，在新建筑的孕育中，钢铁和玻璃成为主要建筑材料，这为近代建筑的发展开辟了广阔的天地，从而突破了传统建筑高度与跨度的局限，使建筑在平面与空间的设计上有了较大的自由度，同时也影响到了建筑形式的变化。典型案例为伦敦水晶宫。（图12-8）

伦敦水晶宫是19世纪英国工业革命时期的代表性建筑，建于1851年，位于伦敦海德公园内，是英国为第一届世博会（时称“万国工业博览会”）而建的展馆，由钢和玻璃两种材料构成。建筑面积约7.4万平方米，宽约124.4米，长约564米，共5跨，高3层，由英国园艺师J. 帕克斯顿按照当时建造的植物园温室和铁路站棚的方式设计，大部分为钢铁结构，外墙和屋面均为玻璃，整个建筑通体透明，宽敞明亮，故被誉为“水晶宫”。（图12-9）

当时参展国家有25个，水晶宫引起了世界范围的轰动。该建筑负担的功能是全新的：巨大的内部空

图12-8　伦敦水晶宫复原图

图12-9　水晶宫内部

间，最少的阻隔；建筑速度快，仅用了8个月即全部竣工；建筑造价大大节省；摈弃了古典主义的装饰风格，向人们预示了一种新的建筑美学质量，其轻、光、透、薄的特点，开辟了建筑形式的新纪元。也正是因为这幢建筑与众不同的几何形状，建筑尺度的模数化、定型化、标准化，以及坚硬晶莹的玻璃墙壁和工厂化生产，使这座圣殿成为世界上第一个体现功能主义风格的重要作品。

第五节　工艺美术运动

工艺美术运动是19世纪下半叶起源于英国的一场设计改良运动，也是世界现代设计史上第一个真正意义上的设计运动。其目的是反对机器美学，抵制工业化对传统建筑、传统手工艺的威胁，复兴以哥特式风格为中心的中世纪手工艺术。其理论指导者是约翰·拉斯金，实践者是威廉·莫里斯。典型案例为红屋。（图12-10）

莫里斯是一位重要的设计先驱，其设计风格讲究简单、朴实无华、功能良好；推崇自然，采用大量卷草纹和花卉、鸟类元素为装饰主体；强调手工艺，明确反对机械化批量生产，认为手工制品永远比机器产品更容易做到艺术化；在产品装饰上，他主张艺术家与工业家结合，追求“真诚的艺术”，复兴手工艺传统。红屋是由莫里斯和菲利普·韦柏一起设计的。

图12-10　红屋

红屋是一所住宅，因整个建筑的外观是红色的砖瓦，所以被称为“红屋”。整体布局为“L”形，木构造。框架内部仅用当地产的红砖填充，墙面没有任何装饰。在设计上注重功能，采用非对称形式；细节上大量采用哥特式建筑手法，如塔楼、尖形拱门的入口等，完美结合了英国哥特式建筑和传统乡村建筑风格，自然、简朴、实用。

第六节　新艺术运动

新艺术运动是工艺美术运动在欧洲大陆的继续深化与传播，从本质上讲，实际上是一场装饰运动。在形式设计上，口号是“回归自然”，但不反对工业化。以植物、花卉和昆虫等自然事物作为装饰图案的素材，不完全写实，多以象征性的抽象曲线作为装饰纹样，呈现出富于动感韵律、细腻而优雅的审美情趣。新艺术运动是现代设计简化和净化过程中的重要步骤之一。典型案例为法国埃菲尔铁塔、米拉公寓。

埃菲尔铁塔是巴黎的标志性建筑之一，法国人爱称之为“铁娘子”。1889年由桥梁工程师居斯塔夫·埃菲尔设计，堪称法国“新艺术”运动的经典设计作品。1851年在英国伦敦举办万国工业博览会取得了空前的成功之后，巴黎不甘落后，1884年，为了迎接世界博览会在巴黎举行和纪念法国大革命100周年，法国政府决定修建一座永久性纪念建筑，以给世人留下深刻印象。在700多个设计方案中，埃菲尔大胆采用金属构造设计的方案一举中标，建成后铁塔就以埃菲尔的名字命名。（图12-11）

图12-11　埃菲尔铁塔

埃菲尔铁塔坐落于塞纳河畔，塔高320米，由4根与地面成75度角的巨大支撑足支持着高耸入云的塔体，在铁塔塔顶可以观赏巴黎全城迷人的景色。4个塔墩由水泥浇灌，正好指向正东南、西北方向。塔身全部是钢铁镂空结构，共用巨型梁架1500多根、铆钉250万颗，总重量达8000吨。埃菲尔铁塔是世界上第一座钢铁结构的高塔，这一建筑象征着现代科学文明和机械威力，预示着钢铁时代和新设计时代的来临。

埃菲尔铁塔是由很多分散的部件组成，就像乐高积木一样。因每个部件事先都严格编号，所以装配时没出一点差错。施工完全依照设计进行，中途没有进行任何改动，可见设计之合理、计算之精确。据统计，仅铁塔的设计草图就有5300多张，其中包括1700张全图。埃菲尔铁塔算是一个建筑奇迹，不仅设计独特，而且铁塔的建造还比预期的快，比原来早了一个多月竣工。

当然也并不是所有人都持赞成态度。方案初期，巴黎《时代报》刊登了由一批艺术家和建筑师联合签名的抗议书，名为《反对修建埃菲尔铁塔》，其中以《项链》而闻名的小说家莫泊桑更是扬言："巴黎如果建成铁塔，我要永远离开这个城市。"可铁塔建成之后，来这里吃饭和用下午茶最多的人就是莫泊桑。他的理由是，在这里是唯一看不到铁塔的地方。

米拉公寓是西班牙建筑师安东尼奥・高迪最富有创造性的设计作品。新艺术运动的有机形态、曲线风格在该建筑上的应用达到了极致。（图12-12）

米拉公寓的外形好像一个融化中的冰激凌，建筑正立面被处理成一系列呈波浪形起伏的线条，白色石材砌出的外墙，扭曲回绕的铁条和铁板构成阳台栏杆，拥有宽大的窗户。公寓内部包括家具在内，都尽量避免采用直线和平面。由于跨度不同，使用的抛物线拱产生出不同高度的屋顶，形成无比惊人的屋顶景观。

图12-12　米拉公寓

该建筑里里外外都显得非常怪异，甚至有些荒诞不经。其形象让人有不同的联想，有人觉得它像非洲原住民在陡峭的悬崖上建造的洞穴住所，有人觉得它像退潮后的沙滩，有人觉得它像蜂窝的组织，有人觉得它像熔岩。米拉公寓无一处是直角，整个结构由一种生命的动感、一种蜿蜒扭曲的势态所支配，宛如一尊巨大的抽象雕塑。这就是高迪作品的最大特色，因为高迪认为：“直线属于人类，而曲线归于上帝。”（图12-13）

图12-13 米拉公寓室内

13

第十三章

现代主义建筑

课前练习小测

1. 现代家居设计中会经常出现这把椅子，你知道它的名字吗?

2. 你认为图中这栋建筑的功能是什么?

A. 公园休息处

B. 牙医诊所

C. 咖啡厅

D. 住宅

3. 你能理解现代建筑设计大师密斯·凡·德·罗的 "Less is more"（少就是多）的建筑设计哲学吗?

现代主义建筑运动是指20世纪中叶在欧洲逐渐兴起的探索适应于现代社会的建筑方式和建筑思维方式的设计运动。其形成的建筑思潮在20世纪50年代至60年代风行全世界。

现代主义建筑强调建筑要随时代而发展，应与工业化社会相适应；强调建筑师要研究和解决建筑的实用功能和经济问题；主张积极采用钢筋混凝土、玻璃、钢材等新材料、新结构，在建筑设计中采用新技术；主张发展新的建筑美学，创造建筑新风格。在设计形式上反对任何装饰，采用简单的几何形体，具有鲜明的理性主义色彩，又称为现代派建筑、功能主义、理性主义。

其中较有影响力的四位现代建筑大师有德国的瓦尔特·格罗皮乌斯、密斯·凡·德·罗，法国的勒·柯布西耶及美国的弗兰克·劳埃德·赖特。

第一节　瓦尔特·格罗皮乌斯

瓦尔特·格罗皮乌斯，德国现代主义建筑师和建筑教育家，现代主义建筑学派的倡导人和奠基人之一。（图13-1）他令20世纪的建筑设计挣脱了19世纪各种主义和流派的束缚，开始注重科学的进步与民众的要求，实现了大规模的工业化生产。格罗皮乌斯积极提倡建筑设计与工艺的统一，艺术与技术的结合，讲究功能、技术和经济效益。此外，他还认为，要改变德国的设计现状必须创办一所与工业紧密相关的学校，通过设计教育来改造德国。最终，世界上第一所完全为发展设计教育而建立的学院---包豪斯设计学院诞生。（图13-2）格罗皮乌斯任第一任校长。

包豪斯设计学院总建筑面积近万平方米，主要由教学楼、实验工厂和学生宿舍三部分组成。包豪斯校舍的设计灵感来自伊瑞克提翁神庙。设计者创造性地运用现代建筑设计手法，从建筑物的实用功能出发，按各部分的使用要求及其相互关系定出各自的位置。利用钢筋、钢筋混凝土和玻璃等新材料以突出材料的本色美。在建筑结构上充分运用窗与墙、混凝土与玻璃、竖向与横向、光与影的对比手法，使空间形象显得清新活泼、生动多样。尤其通过简洁的平屋顶、大片玻璃窗和长而连续的白色墙面产生的不

图13-1　瓦尔特·格罗皮乌斯

图13-2　包豪斯设计学院

同的视觉效果，更给人以独特的印象。该校舍以崭新的形式，与复古主义设计思想划清了界限，被认为是现代建筑中具有里程碑意义的典范作品。

教学楼、实验工厂均为4层，两者之间是行政办公用房和图书馆。学生宿舍是一座6层楼，通过一个两层的食堂兼礼堂，同实验工厂相连。校舍的设计体现了格罗皮乌斯提倡的重视功能、技术和经济效益，艺术和技术相结合等原则。（图13-3）

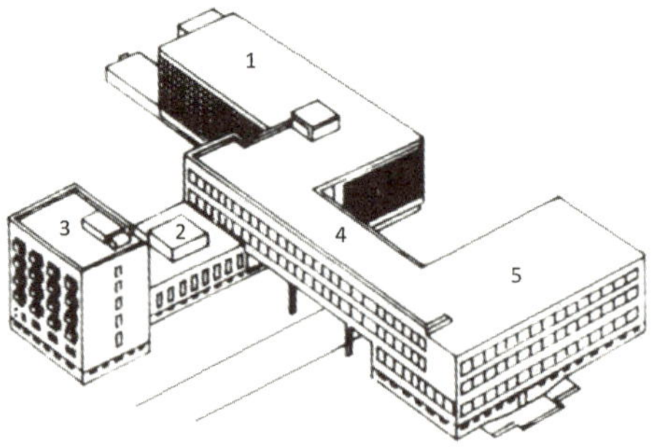

图13-3　包豪斯校舍功能分区

第二节　密斯·凡·德·罗

密斯·凡·德·罗是20世纪著名的现代主义建筑大师之一，也是卓越的建筑教育家。（图13-4）密斯没有受过正式的建筑学教育，他对建筑的最初认识与理解始于父亲的石匠作坊。密斯相当重视细节，他的建筑思想是从实践与体验中而来，“少就是多”的建筑原则，使他设计的建筑精练到不能再改动的地步。在处理手法上，他创造性地提出了解决建筑空间的新方法——“流动空间”。密斯的主要贡献还在于通过对钢框架结构和玻璃在建筑中应用的探索，发展了一种具有古典式的均衡和极端简洁的风格，密斯也因此被称为“钢铁和玻璃建筑结构之父”。

图13-4　密斯·凡·德·罗

1929年，密斯被委任设计巴塞罗那世博会的德国馆。在此项目中，现代主义建筑的特征全部体现出来：简单、功能主义、理性主义与减少主义。

德国馆占地1250平方米，由一个主厅、两间附属用房、两个水池、一个少女雕像和几道围墙组成。除少量桌椅外，没有其他展品。其目的是显示这座建筑物本身所体现的一种新的建筑空间效果和处理手

法。（图13-5）

展馆主厅有8根金属柱子，上面是薄薄的一片屋顶。大理石和玻璃构成的墙板也是简单光洁的薄片，它们纵横交错，布置灵活，既分割又连通；室内室外也互相穿插贯通，没有截然的分界，形成奇妙的流通空间。整个建筑没有附加的雕刻装饰，然而对建筑材料的颜色、纹理、质地的选择十分精细，搭配异常考究，比例推敲精当，使整个建筑物显出高贵、雅致、生动的品质，展示了历史上前所未有的建筑艺术质量。（图13-6、图13-7）

由于该建筑的设计理念独特，竟没有合适的家具与其搭配，所以密斯与莉莉·雷奇合作设计了巴塞罗那椅，成为世界博览会上的经典之作，也成为现代家具设计中一个具有里程碑意义的作品。（图13-8）

密斯设计的另外一个经典建筑为1950年落成的范斯沃斯住宅，是他为美国单身女医生所设计的。（图13-9）房子位于茂密树林中的一片平地上，与其他住宅建筑不同的是，范斯沃斯住宅以大片的玻璃取代了阻隔视线的墙面，成为名副其实的“看得见风景的房间”。

范斯沃斯住宅造型类似于一个架空的透明盒子，建筑外观简洁明净。外部的钢结构均被漆成白色。室内视野开阔，这种透明的方式使得住宅的空间与空气得以自由流动，建筑既是环境的一部分，环境也成了室内景观。当然，让居住成为一种公众性、缺乏隐私的行为，这也是范斯沃斯住宅后期备受争议的根本原因。

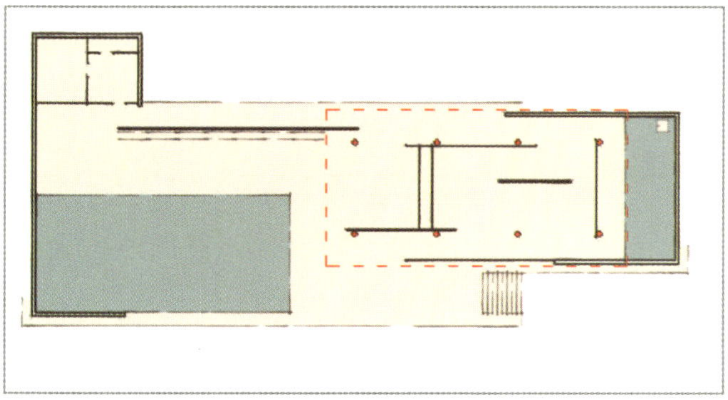

图13-5　巴塞罗那世博会德国馆平面图

图13-6　德国馆内景

图13-7　德国馆外景

图13-8　巴塞罗那椅

图13-9　范斯沃斯住宅外观及室内

第三节　勒·柯布西耶

勒·柯布西耶是法国建筑师、室内设计师、雕塑家、画家，是功能主义建筑的泰斗。（图13-10）

他提出“房屋是居住的机器”理念，用钢筋混凝土搭建房屋构架，然后添加墙体，实现了承重墙和围护结构的分离。1926年，柯布西耶提出了新建筑五原则：底层架空、屋顶花园、自由平面、横向长窗、自由立面。

图13-10　勒·柯布西耶

萨伏伊别墅是柯布西耶的经典作品之一，1930年建成，钢筋混凝土结构。（图13-11）基地为矩形，长约22.5米，宽为20米，共3层。底层三面透空，由支柱支撑，内有门厅、车库和仆人用房，是由弧形玻璃窗所包围的开敞结构。第二层为起居室、卧室、厨房、餐室和一个半敞开的休息空间。第三层为主人卧室和屋顶花园。各层之间以螺旋形的楼梯和折形的坡道相连，建筑室内外都没有装饰线脚，用了一些曲线形墙体以增加变化。这幢房子表面看来平淡无

图13-11　萨伏伊别墅外观及室内

奇，简单的柏拉图形体和平整的白色粉刷外墙，简单到几乎没有任何多余的装饰。

20世纪50年代后，柯布西耶的建筑风格有了明显变化，其特征为对自由有机形式的探索和对材料的表现，特别是喜欢表现脱模后不加装饰的钢筋混凝土，代表作品有朗香教堂。（图13-12）

朗香教堂位于法国东部索恩地区距瑞士边界几英里的浮日山区的一座小山顶上，1955年落成。被誉为20世纪最让人震撼、最具有表现力的建筑。

柯布西耶把重点放在建筑造型和建筑形体给人的感受上。他摒弃了传统教堂的模式和现代建筑的一般手法，把它当作一件混凝土雕塑作品加以塑造。教堂规模不大，仅能容纳200余人，教堂前有一块可容万人的场地，供宗教节日时来此朝拜的教徒使用。游客通常从教堂北立面的门进入教堂，入口在卷曲墙面与塔楼交接的夹缝处，高而狭窄的门给人庄严神圣感。教堂造型奇异，平面不规则；墙体几乎全是弯曲的，有的甚至还倾斜；粗糙的白色墙面上开着大大小小的方形或矩形的窗洞，上面嵌着彩色玻璃；光线透过屋顶与墙面之间的缝隙和镶着彩色玻璃的大大小小的窗洞投射下来，使室内产生了一种奇特气氛。（图13-13）

图13-12　朗香教堂

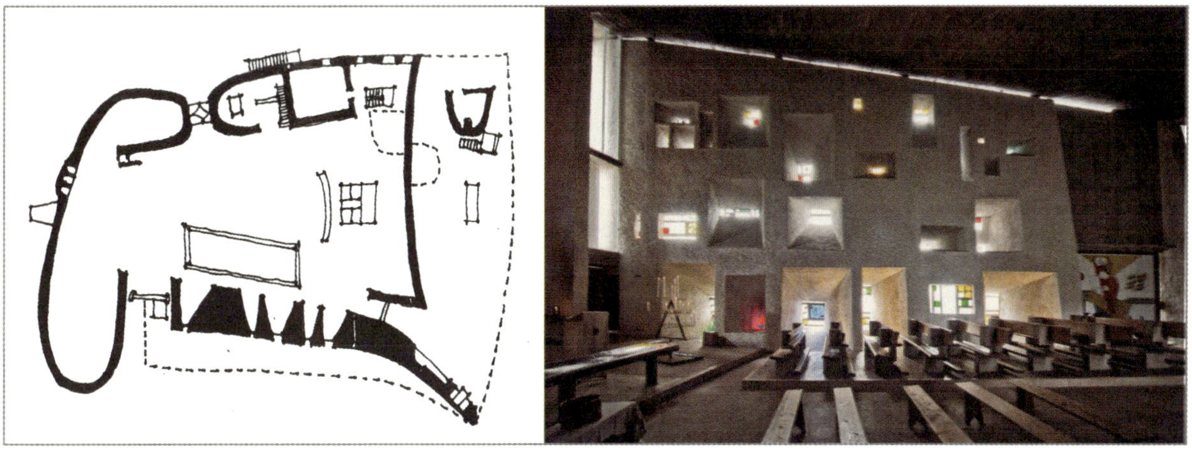

图13-13　朗香教堂平面图及室内

第四节　弗兰克·劳埃德·赖特

弗兰克·劳埃德·赖特是美国较伟大的建筑师之一，设计最多、最为精彩的建筑类型就是别墅和住宅。（图13-14）这些建筑诠释了赖特提出的“有机建筑”理论，其特点是开放式的平面布局、模糊的室

图13-14 弗兰克·劳埃德·赖特

图13-15 流水别墅

图13-16 流水别墅主入口

图13-17 流水别墅临水平台

内室外界限，以及钢铁、混凝土等材料的全新使用方法。代表作品为流水别墅、纽约古根海姆博物馆。

流水别墅是赖特为卡夫曼家族设计的别墅。位于美国宾夕法尼亚州费耶特县米尔润市郊区的熊溪河畔，在瀑布之上实现了“方山之宅”的梦想，层叠交错的建筑好似从后面的自然山石中生长出来。（图13-15）

流水别墅共3层，面积约380平方米。以二层（主入口层）的起居室为中心（图13-16），其余房间向左右铺展开来，别墅外形强调块体组合，使建筑带有明显的雕塑感。金属窗框的大玻璃，虚实对比十分强烈。（图13-17）溪水由平台下怡然流出，建筑与溪水、山石、树木结合在一起，自然和人悠然共存，呈现了天人合一的最高境界。

纽约古根海姆博物馆是纽约著名的地标建筑，为赖特晚年的杰作。该建筑外观为简洁的白色，螺旋形混凝土结构，与传统博物馆的建筑风格迥然不同，它更像一座巨大的雕塑而不是建筑物。

纽约古根海姆博物馆分成两个体块，大的是陈列厅，6层；小的是行政办公部分，4层。建筑物的外部向上、向外螺旋上升，螺旋的内部形成一个敞开的陈列空间，高约30米，通过玻璃圆顶采光。参观时观众先乘电梯到最上层，然后顺坡而下，陈列厅的展品沿着坡道的墙壁悬挂着，观众边走边欣赏，不知不觉之中就走完了430米长的坡道。这种动线参观，显然比那种常规的一间又一间的展室要有趣和轻松得多。赖特认为人们沿着螺旋形坡道走动时，周围的空间才是连续的、渐变的，而不是片段的、折叠的。（图13-18）

图13-18　纽约古根海姆博物馆外观与室内

14

第十四章

现代主义之后建筑

课前练习小测

1. 下图中的建筑你知道名字吗？你觉得它看起来像什么？

2. 你认为下图中这栋建筑的功能是什么？

A. 电器公司　　B. 艺术中心　　C. 炼油厂

3. 你能说出下面这块奖牌的名称吗？它可是有着“建筑界诺贝尔奖”的美誉。

工业革命后，社会生产力得到了巨大的提升，在众多产业中，建造业受到的影响最大。新的工具与设备、新的材料与技术拉开了一个崭新时代的序幕。世界建筑舞台上出现了多种多样的“思潮”“流派”“主义”。它们在艺术观念上突破了经典美学的范畴，对现代主义建筑怀疑、指责的声浪也渐渐兴起。从此，世界建筑呈现出新的多元化局面。

第一节　后现代主义

后现代主义并不是指时间上处于“现代”之后，而是针对艺术风格的发展演变而言的。其主要特点是反对设计中的国际风格、极少主义风格，主张以装饰手法达到视觉上的审美愉悦。在建筑实践方面的特征是回归历史，喜用古典建筑元素，追求隐喻的设计手法，以各种符号的广泛使用和装饰手段来强调建筑形式的含义及象征，走向大众化与通俗化。

一、代表作品：费城栗子山母亲之家

被誉为后现代主义建筑第一个作品的是罗伯特·文丘里设计的费城栗子山母亲之家。（图14-1）该建筑建于1962年，由于是为自己家人设计的房子，文丘里大胆地做了理论上的探讨，成为其著作《建筑的复杂性与矛盾性》的生动写照。

住宅采用坡顶，这种构图形式的主立面，使人联想到古希腊或古罗马神庙的三角形山花。这正是文丘里所主张的“建筑师应当是保持传统的专家”。立面总体上是对称的，细部处理则是不对称的，窗孔的大小和位置根据内部功能的需要而定。山墙的正中央留有阴影缺口，似乎将建筑分为两半，而入口门洞上方均装饰弧线，似乎有意将左右两部分连为整体，成为互相矛盾的处理手法。既大又小指的是入

图14-1　费城栗子山母亲之家

口，门洞开口很大，凹廊进深很小。文丘里自称是“设计了一个大尺度的小住宅”，因为大尺度在立面上有利于取得对称效果。

二、代表作品：波特兰市政大厦

由建筑师、产品设计师迈克尔·格雷夫斯设计的波特兰市政大厦被认为是最重要的后现代主义建筑作品。（图14-2）其外立面上充满多种符号元素，试图创建一个过去与现在的连续。建筑形似一个四面对称的方盒子，立面做传统的三段式处理，以实体墙面为主，中间深色墙面的上部呈斗形，仿佛放大尺度的古典建筑的拱顶石；中央是一个抽象、简化了的希腊神庙。斗形之下是镶着蓝色镜面玻璃的巨大墙面，玻璃上的棕红色竖条纹隐喻着古典的柱式设计。建筑色彩艳丽丰富，像一幅抽象派拼贴画，打破了现代办公楼简洁冰冷的形式，是一个比较成功的建筑作品。

图14-2　波特兰市政大厦

第二节　象征主义风格

象征主义是20世纪60年代较为流行的一种建筑设计倾向。其主要特征为追求建筑个性的强烈表现，设计的思想和意图常借助建筑的造型来表达，以引发人们的联想。设计师通常在满足建筑功能的基础上，把艺术造型和环境设计作为重要考虑的内容。

代表作品是澳大利亚悉尼歌剧院。（图14-3）

悉尼歌剧院坐落在悉尼的一个半岛上，是著名的象征主义风格作品。它的屋顶最具特色，远远望去，像几组巨大的贝壳，像即将乘风出海的白色风帆，又像是盛开的花朵，加上作为背景的悉尼海港，极具特色，被视为悉尼市标。

图14-3　澳大利亚悉尼歌剧院

悉尼歌剧院由丹麦建筑师约翰·伍重设计。主要由两个主厅、一些小型剧院、演出厅以及其他附属设施组成。两个主厅均位于比较大的帆形结构内，小演出厅则位于底部的基座内。最大的主厅是音乐厅，最多可容纳2700余人。高低不一的尖顶壳，外表用100多万片瑞典陶瓦铺成，经过特殊处理，不怕海风的侵袭。在阳光照射下，悉尼歌剧院浮在蔚蓝色的海面上，耀眼夺目。据设计者晚年时说，他当年的创意其实是来源于橙子，正是那些剥去了一半皮的橙子启发了他。

2007年，悉尼歌剧院被联合国教科文组织世界遗产委员会批准列入《世界遗产名录》，它代表了建筑形式和结构设计的多重创造力。

第三节　高技派

高技派建筑风格是在建筑风格上注重表现高科技时代的机器美学和技术美学的一种流派。由于工业社会的极速发展，导致新材料、新技术不断涌现，建筑师们开始尝试用新的设计语言来表达建筑，注意力主要集中在高新技术的采用与构件的装配化。标准化方面强调和表现工业技术成就，在室内暴露梁板、网架等结构构件以及风管、线缆等各种设备和管道，强调工艺技术与时代感。

代表作品是法国蓬皮杜艺术中心。（图14-4）

蓬皮杜艺术中心，坐落于法国首都巴黎的市中心。与罗浮宫、奥塞美术馆并列为巴黎重要的三座博物馆。由英国建筑师理查德·罗杰斯和意大利建筑师伦佐·皮亚诺合作设计，建成于1977年，被公认为高技派较早期、较重要的代表作之一。

蓬皮杜艺术中心主要有公共图书馆、现代艺术博物馆、工业美术设计中心、音乐和声响研究中心四个部分。除音乐和声响研究中心单独设置外，其他部分集中在一幢长166米、宽60米的6层钢结构主体建筑内。

蓬皮杜艺术中心外貌奇特，与一般建筑不同的是，它的钢结构梁、柱、桁架、拉杆等，甚至涂上颜色的各种管线都不加遮掩地暴露在立面上。红色的是交通运输设备，蓝色的是空调设备，绿色的是给水

图14-4　法国蓬皮杜艺术中心

排水管道，黄色的是电气设施和管线。人们从大街上可以望见复杂的建筑内部设备，琳琅满目，外观很像一座化工厂。在面对广场一侧的建筑立面上附着一条巨大的透明圆管，里面安装有自动扶梯，作为上下楼层的主要交通工具。设计者把这些布置在建筑外面，目的之一是使楼层内部空间不受阻隔。建筑内部除去一道道防火隔墙，没有一根内柱，也没有其他固定墙面。各种使用空间由活动隔墙隔断，内部布置可以随时改变，使用灵活方便。

第四节　解构主义

解构主义是一种具有广泛批判精神和大胆创新姿态的建筑风格。主要是把完整的现代主义建筑整体进行破碎处理，从逻辑上否定传统的基本设计原则（美学、力学、功能），然后重新组合形成破碎的空间和形态，由此产生新的意义。

解构主义的建筑创作显得无拘无束、自由散漫，常常采取散乱、突变、动势等艺术手法，形成滚动、错移、翻倾甚至坍塌的不安态势，令观者惊诧不已、叹为观止。

一、代表作品：毕尔巴鄂古根海姆博物馆

毕尔巴鄂古根海姆博物馆由加拿大多伦多的解构主义建筑大师弗兰克·盖里设计，1997年正式启用。（图14-5）它的奇美造型、特异的结构和崭新的材料举世瞩目。整个博物馆结构由建筑师借助一套空气动力学使用电脑软件逐步设计而成。

该博物馆的引人注目之处在于它的外形设计。从外表看，与其说它是个建筑物，不如说是件抽象派的艺术品。它由数个不规则的流线型多面体组成，上面覆盖着3.3万块钛合金板，在光照下熠熠发光，与波光粼粼的河水相映成趣。尽管建筑本身是个耗用了5000吨钢材的庞然大物，但由于造型飘逸、色彩明快，丝毫不给人沉重感。

图14-5　毕尔巴鄂古根海姆博物馆

博物馆内部空间倾斜、交错、穿插、扭转，除了上下穿梭的透明电梯在空中画出一条运动的直线外，其他的建筑元素呈现出的几乎都是动感十足的曲线，带给人的直接感官刺激是一种难以形容的震撼。

毕尔巴鄂古根海姆博物馆被媒体称为“世界上最有意义、最美丽的博物馆”。

二、代表作品：盖达尔·阿利耶夫文化中心

扎哈·哈迪德，英国国籍的伊拉克女建筑师，著名的解构主义建筑师代表，2004年普利兹克建筑奖获得者（该奖项被誉为“建筑界诺贝尔奖”）。这也是该奖项设立26年以来第一次被授予女建筑师。1997年，阿塞拜疆任命哈迪德为盖达尔·阿利耶夫文化中心的总建筑师，希望这个建筑能够成为当地的城市新地标。

哈迪德设计盖达尔·阿利耶夫文化中心时，将建筑与广场融为一体，进行整体规划设计。（图14-6）整个设计包括一个博物馆、一个图书馆和一个可容纳1000人的会议中心。哈迪德精心设计的起伏、分叉、褶皱与形态，让广场展现出热情开放拥抱城市的姿态。建筑的流线造型也模糊了传统建筑与城市、广场、地面之间的明确界限。（图14-7）

在这个流线型建筑项目中，建筑表皮无疑是个大挑战，通过计算机运算和高级设计以实现建筑整体而有机的表皮。为了实现大型的无主空间，让人们体会到内部空间自由的流动性，整个建筑由两套结构系统组成：混凝土结构与线性钢桁架系统。保持建筑流动性与自由形态的纯粹性。其内部空间也力求“随形”和“流动”形式的延续，形成了富有变化的空间场所。（图14-8）

图14-6　盖达尔·阿利耶夫文化中心

图14-7　盖达尔·阿利耶夫文化中心室外

图14-8　盖达尔·阿利耶夫文化中心室内

参考资料

图书资源：

[1] 刘敦桢. 中国住宅概说. 北京:建筑工程出版社，1957.

[2] 中国建筑史编辑委员会. 中国古代建筑史. 北京:中国建筑工业出版社，1962.

[3] 中国历史学术委员会. 建筑历史与理论（第一辑）. 南京：江苏人民出版社，1981.

[4] 同济大学，清华大学，南京工学院，天津大学. 外国近现代建筑史. 北京：中国建筑工业出版社，1982.

[5]〔美〕阿纳森. 邹德侬，巴竹师，刘珽译. 西方现代艺术史绘画·雕塑·建筑. 天津：天津人民出版社，1986.

[6] 云南省设计院《云南民居》编写组. 云南民居. 北京：中国建筑工业出版社，1986.

[7] 高珍明，王乃香，陈瑜. 福建民居. 北京：中国建筑工业出版社，1987.

[8] 阎崇年. 中国历代都城宫苑. 北京：紫金城出版社，1987.

[9] 杨永生. 中外名建筑鉴赏. 上海：同济大学出版社，1997.

[10] 沈福煦. 中国古代建筑文化史. 上海：上海古籍出版社，2001.

[11] 陈志华. 外国建筑史（19世纪末以前）. 北京：中国建筑工业出版社，2006.

[12] 沈福煦. 建筑历史. 上海：同济大学出版社，2005.

[13] 沈福煦. 建筑美学. 北京：中国建筑工业出版社，2012.

网络资源：

[1] 公众号：星球研究所

[2] 公众号：微故宫

[3] 故宫博物院官网

[4] 北京旅游图网

[5] 百度百科

[6] 网易新闻

后记

编写《建筑艺术欣赏》的初衷，是为职业院校学生及相关业界人员，提供既具备一定专业性，又不失趣味性的建筑通识类书籍。

本书尽力采纳最典型的建筑案例，结合现时的学术理解整理而成，力求在内容上易于公众理解，用寓教于乐的方式解读中外建筑的智慧，展现建筑艺术的独特魅力。文本价值取向力争达到学理性、实用性、延展性、交互性的统一。

衷心感谢深圳市建筑设计研究总院有限公司装配式建筑工程研究院院长唐大为先生对本书的审阅及提出的宝贵意见；特别感谢岭南美术出版社推出的此项系列教材出版计划；感谢出版社的编辑和校对人员，她们勤勉和敬业是这项工作成功的保证；感谢所有对本书的编写、出版提供过帮助与支持的同人和社会各界朋友。

另外，本书出版之前，我们通过多种渠道与书中选用作品（主要是图片）的作者进行了联系，得到大力支持。对此，我们表示衷心的感谢！但仍有部分作者未能一一取得联系，恳请相关权利人及时与我们联系，以便支付稿酬。

何 锐

2022 年 7 月